JENNY WILD & PEER CLASSEN

Horsemanship lernen mit Jenny & Peer

DIE WICHTIGSTEN BASISÜBUNGEN

MIT KOSMOS MEHR ENTDECKEN

MIT FILMEN zu wichtigen Übungen

SEIT 1822

KOSMOS

☞ *Inhalt*

ZIEL DES BUCHES
— *ein Pferdemensch werden*

SELBSTERKENNTNIS UND PFERDEVERSTÄNDNIS

Was wünscht sich dein Pferd? Hast du dir diese Frage schon einmal gestellt? Falls ja, bist du auf einem guten Weg. Falls nicht, möchten wir dir sehr ans Herz legen, diese Frage mit zu deinem Pferd zu nehmen und wirklich herauszufinden, wie seine Wünsche aussehen könnten. Wenn du diese erkennst und dich ernsthaft bemühst, sie zu erfüllen, wird es dich sofort mit anderen Augen sehen. Dein Pferd wird sich im Gegenzug für dich und deine Ideen öffnen und beginnen, dir echtes Vertrauen zu schenken.

Es ist ein schwerer Schritt, denn die naheliegendere Aufgabe scheint immer zunächst darin zu bestehen, dem Pferd deine Ziele und Wünsche zu vermitteln. Doch ist er einmal getan, wirst du überrascht sein, wie gut es euch beiden mit dieser anderen Art des Umgangs gehen wird.

Viele Menschen haben das Ziel, an Pferden zu arbeiten, diese auszubilden und zu formen. Sie möchten das Pferd zu dem Partner machen, den sie sich wünschen, und legen sehr viel Zeit und Energie in Aufgaben, die häufig wenig mit Pferden und deren Empfinden gemein haben. In erster Linie geht es ihnen um die physische Ausbildung des Pferdes, die sicher wichtig ist, wenn die Hauptziele die körperliche Gesunderhaltung und das Reiten sind. Allzu oft werden dabei jedoch das Herz und die Seele des Pferdes außen vor gelassen oder im schlimmsten Fall sogar geschädigt. Dies führt in der Folge zu erheblichen Problemen für die Pferde, die dann auch Menschen an ihre Grenzen bringen.

Unsere Herangehensweise ist etwas anders und – wir müssen es leider zugeben – nicht wirklich einfacher. Wir werden dir nämlich erklären, wie du an dir selbst arbeiten kannst. Also wie du lernen, verstehen und in dich hineinhören solltest, um für dein Pferd der Mensch zu werden, den es sich wünscht.

Wir hoffen, dass wir mit unserem Buch eine neue Sensibilität in dir wecken, welche dich dein Pferd ganzheitlicher sehen lässt: als soziales, denkendes und fühlendes Wesen.

So hoffen wir, eine Balance zu schaffen zwischen den physischen, mentalen und emotionalen Aspekten des Miteinanders.

Was für einen Effekt kann die Arbeit an dir selbst und ein anderer Blick auf dein Pferd für euch beide haben? Nun, wir haben es schon verraten: Dein Pferd wird dich wirklich wahrnehmen, es wird dir zuhören und besser und bereitwilliger auf deine Fragen antworten können. Diese Einstellung erweitert euer Spektrum ungemein und bringt

Was wünscht sich dein Pferd?

An sich selbst arbeiten kann man mit dem Pferd, aber auch ebenso gut für sich allein. Oder man verbindet das eine mit dem anderen: Wie wäre es denn mit Achtsamkeitsmeditation mit deinem Pferd?

viel mehr, als dem Pferd eine Handvoll Tricks beizubringen oder es gar zu zwingen, Dinge zu machen, die du dir von ihm wünschst. Auch wenn es sich nicht nach viel anhört, können wir dir garantieren, dass die Arbeit an dir selbst langfristig und auch bei anspruchsvollem physischem Training zu optimalen Ergebnissen führt. Eines von unzähligen Beispielen aus der Praxis haben wir gerade erst wieder bei einem unserer Kurse erlebt. Da es Jennys Geschichte ist, darf sie sie auch erzählen:

„Für mich ist es eines der größten Geschenke, dass ich bei unseren Kursen immer so viele verschiedene Pferde kennenlernen darf.
Ich liebe es, den ersten Kontakt zu knüpfen und den Pferden in kürzester Zeit vermitteln zu dürfen, dass ich ihnen zuhöre und ihnen helfen möchte, wieder Sicherheit und Vertrauen zu finden.
Dieser Kurs war etwas anders, denn er war Teil einer Akademie und wir waren an diesem Wochenende die Dozenten. Es handelte sich um unser Modul „Pferde verstehen“, und so

haben wir die Zeit genutzt, mit den Studenten die Pferde wirklich wertefrei und ohne bestimmte Erwartungen zu beobachten.
In der großen Reithalle war ein Roundpen aufgebaut und wir hatten uns um diesen verteilt. In der vorangegangenen Theorieeinheit hatten wir schon die unterschiedlichen Pferdetypen, deren Gemütszustände und woran man diese erkennen kann besprochen, und so hatten wir eine gute Basis fürs Beobachten.
Die Pferde haben wir alleine im Roundpen gelassen, damit nicht der Mensch direkt Einfluss auf ihr Verhalten nahm. Die ersten Pferde reagierten interessanterweise fast identisch. Sie schauten sich die gleichen Dinge an, äppelten und wälzten sich an denselben Stellen und nahmen nach einiger Zeit Kontakt zu den Menschen auf. Es fiel ihnen leicht, sich zu entspannen und mit ihrer Umgebung auseinanderzusetzen. Wir hatten gute Gelegenheiten und spannende Gespräche: Auf welche kleinen Zeichen sollte man bei den Pferden achten? Wie schnell kann der Zustand zwischen Sicherheit und Unsicherheit hin- und her switchen? Es war so interessant zu erleben, wie kleinste Zeichen der Pferde auf einmal große Bedeutung erhielten. Das letzte Pferd, welches diesen Vormittag in den Roundpen kam, war anders. Die Stute war sehr kopflos und rannte im Kreis. Sie konnte sich nicht wirklich beruhigen und steigerte sich immer mehr in ihr Fluchtmuster hinein. Die Besitzerin erklärte, dass dies ein eher ungewöhnliches Verhalten für sie sei, aber in diesem Moment war es, wie es war. Wir nutzten auch diese Gelegenheit ein paar Minuten, denn die Stute zeigte sehr typische körpersprachliche Merkmale eines unsicheren, extrovertierten Pferdes. Da sich aber schnell herauskristallisierte, dass das Pferd alleine keine Möglichkeit erkannte, aus diesem starken emotionalen Zustand herauszukommen, einigten Peer und ich uns darauf, der Stute zu helfen. Dies bedeutete für uns auch eine gute Vorausschau auf die Fortsetzung des Kurses am Nachmittag, in welcher es eben genau um das Thema „Pferden helfen“ gehen sollte.
Ich begab mich also in den Roundpen und begann, einfach ruhig auf einem Kreis, etwas weiter innen als die Stute, zu laufen. Es dauerte nur wenige Sekunden, bis sie mich ansah und zu mir kam. Sofort nahm ich jegliche Energie aus mir heraus und entspannte mich vollkommen. Da ich aber fühlte, dass sie lieber noch etwas laufen wollte, ging ich los und lief mit ihr im Schritt durch den Roundpen.
Sie schloss sich mir erleichtert an und blieb dicht bei mir. Ich konnte ihr in diesem Moment alles geben, wonach sie sich sehnte: innere Ruhe und Stärke, Verständnis, Bewegung und positive Führung. Ich hatte sie bei

Richtig zuhören und dem Pferd erklären, dass man es wirklich versteht, …

… hilft ihm am besten sich zu öffnen, dir zu vertrauen und komplett zu entspannen.

Wertfrei beobachten kann man im Roundpen, aber besonders schön natürlich auf der Wiese.

Betreten des Roundpen nicht gescheucht, da dies in Pferden nur noch mehr Angst und Stress schürt. Ich war einfach nur da und bot mich an. Als sie die Entscheidung traf, zu mir zu kommen, erwiderte ich ihre Anfrage nach Hilfe mit der Antwort, dass genau dies mein Plan ist. Die Stute entspannte sich und vertraute mir so schnell, dass ich innerhalb von kürzester Zeit mit ihr herumlaufen, die Seiten wechseln, stehen bleiben, wieder loslaufen, zirkeln und einfach so unglaublich viel erfragen konnte, ohne es ihr beigebracht zu haben. Wir konnten ganz selbstverständlich mit feinsten Signalen miteinander kommunizieren und aufeinander reagieren. Das war ein tolles Gefühl und versetzte die Studenten in Staunen. Alle hatten gedacht, dass wir den Pferden das freie Miteinander in wochen- oder monatelanger Arbeit antrainieren. In diesem Moment erkannten sie aber, dass das gar nicht notwendig war. Ihnen wurde bewusst, dass der Mensch einfach nur wissen muss, wie er dem Pferd Fragen stellen und auf seine Antworten oder Gegenfragen reagieren muss, und schon entsteht eine echte Kommunikation, bei welcher innerhalb von kürzester Zeit Gespräche erwachsen können, von denen viele Menschen mit ihren Pferden nur träumen können."
Und genau hierum soll es in diesem Buch gehen. Es soll dir die Möglichkeit geben, aus Pferdesicht gesehen so gut und kompetent zu werden, dass ihr gemeinsam einen Weg beschreiten könnt, der euch Ziele und Wünsche erreichen lässt, von denen ihr vielleicht nicht zu träumen gewagt hättet. Das wirst du allerdings nur erreichen, wenn du tatsächlich anfängst, und zwar mit Üben!

Wenn sich das Pferd einem ruhigen und sicheren Menschen anschließen kann, ist dies eine große Erleichterung.

WAS FÜR EINEN SINN MACHEN ÜBUNGEN?

„Oh nein, schon wieder üben“, ist vielleicht deine erste Reaktion, wenn du das liest. Das können wir verstehen, beschwört es doch einige Bilder aus Kindertagen in uns hoch, die wir lieber vergessen möchten. Aber dass Übung den Meister macht, ist nicht nur eine abgedroschene Phrase. Selbst großes Talent befreit einen nicht von der Notwendigkeit, sich selbst, seinem Körper und auch seinen Geist zu formen, wenn Bewegungen und Gedanken reibungslos und routiniert zusammenspielen sollen. Übungen helfen unserem Körper dabei, Bewegungsabläufe und Muskeln zu schulen, zu verinnerlichen, zu verstehen und immer einfacher umzusetzen. Irgendwann musst du nicht mehr darüber nachdenken, vieles passiert plötzlich automatisch oder wenigstens sehr viel besser und leichter als am Anfang. Du wirst merken, wie du das, was du machst,

Übung macht den Meister. Irgendwann musst du nicht mehr nachdenken und kannst dich auch in schwierigen Situationen auf deinen 7. Sinn verlassen.

In der gemeinsamen Simulation kannst du sehr gut herausfinden, wie deine Handlungen sich für dein Pferd anfühlen, und zwar im negativen …

… genauso wie im positiven.

zu fühlen beginnst, und du wirst sogar an den Punkt kommen, an dem du das Gefühl haben wirst, dass alles, was du gerade machst, normal und selbstverständlich ist. An diesen Punkt würden wir dich gerne mit deinem Pferd bringen, denn dann bist du echter Kommunikation schon sehr viel näher gekommen.

Tatsächlich empfehlen wir dir, alle Übungen zunächst nicht an deinem Pferd zu üben, sondern Bewegungsabläufe, Handling, usw. mit einem anderen Menschen zu praktizieren.

Gehst du so vorbereitet zu deinem Pferd, kannst du dich von Anfang an mehr auf sein Feedback und seine Antworten konzentrieren, als auf dein eigenes Handeln. Solche sogenannten Simulationen ersparen dir, und vor allem auch dem Pferd, einiges an Frustration, da es nicht als Übungsdummy herhalten muss. Ganz im Gegenteil wirst du ihm mit der richtigen Vorbereitung sehr viel schneller deine Kompetenz beweisen können. Wir sehen so oft Pferde, die sich fragen: „Warum soll ich denn das Gleiche schon wieder machen, ich habe dir doch schon 20 Mal die Antwort auf deine Frage gegeben!"

Das möchten wir deinem Pferd gerne ersparen. In den im Buch enthaltenen Videos werden wir die Übungen deshalb auch immer zusätzlich als Simulation zeigen.

DIE ETWAS ANDERE ART DER VERSTÄNDIGUNG

Pferde kommunizieren fast ausschließlich nonverbal. Natürlich haben sie in ihrem Repertoire auch Laute wie Wiehern, Schnauben, Quietschen, Seufzen, etc., aber diese machen nur einen kleinen Teil ihrer Kommunikation aus. Hauptsächlich verständigen sie sich über ihre Körpersprache. Diese Fähigkeit ermöglicht es ihnen aber auch, andere Wesen sehr viel schneller zu lesen und auf deren Verhalten und Energie zu reagieren, als z. B. wir Menschen es können. Wobei, können tun wir es. Doch leider ignorieren wir viele unserer natürlichen Wahrnehmungen ganz gerne. Und da sind wir bereits bei einem unserer wesentlichen Ziele der Arbeit mit dir. Wir möchten dir beibringen, diese Qualitäten wieder zum Leben zu erwecken. Dies wird dir helfen, dein Pferd besser zu verstehen und Situationen realistischer einzuschätzen. Es wird dir aber auch zeigen, was du an deinem Verhalten ändern oder, besser gesagt, bewusster wahrnehmen solltest, um dein Pferd weder zu verunsichern noch im Stich zu lassen oder zu verwirren. Die meisten Menschen sind für ihr Pferd zu präsent und merken nicht, mit wie viel Druck und Energie sie sich in seiner Nähe bewegen. Sie fragen sich, warum es ausweicht, versucht zu flüchten, oder sich widersetzt, wenn es keine Chance hat, zu flüchten, oder weil ihm deine Klarheit und Führung fehlt.

Diejenigen, die „Kauderwelsch" erzählen, können sich nicht erklären, warum ihr Pferd nach links geht, wenn sie es nach rechts bewegen wollen, oder warum es sich die ganze Zeit auf der Stelle dreht, obwohl sie es doch auf den Zirkel schicken möchten. Sie kommen auch nicht dahinter, warum ihr Pferd sich wie ein „sturer Bock" durch die Gegend ziehen lässt, oder wie ein wild gewordener Hengst um sie herumspringt. Du merkst, es gibt eine Menge Potenzial für Missverständnisse zwischen Pferden und Menschen, nur allein deshalb, weil Menschen sich ihres eigenen Körpers und ihrer Energie nicht bewusst sind.

Vor allem ohne Worte entsteht eine besondere und tiefgreifende Verständigung.

Wenn Klarheit und Führung stimmen, können sich auch Menschen wunderbar nonverbal verständigen.

Nehmen wir ganz kurz das Zirkeln als Beispiel: Wenn das Pferd sich nicht auf den Zirkel schicken lässt und sich stattdessen die ganze Zeit auf der Stelle dreht, tut es das in der Regel, weil der Mensch mit seiner Energie und Körpersprache danach fragt, ohne es zu merken. Er ist fest davon überzeugt, er schickt sein Pferd auf den Zirkel, seine Energie, sein Blick und seine Körpersprache sagen dem Pferd aber klar und deutlich: Dreh dich im Kreis. Der Mensch geht auf die Hinterhand zu und macht der Vorhand Platz, weshalb das Pferd hinten weicht und vorne folgt.

Der Körper und der Geist tun unterschiedliche Dinge, und so stellt der Mensch unwissentlich eine falsche Frage, auf die das Pferd dann aber richtig antwortet. Das hört sich kompliziert an? Ja und nein. Aber es lohnt sich, sich diesem spannenden Thema zu widmen und daran zu wachsen. Dein Pferd wird es dir danken!

Häufig treffen wir Menschen auf unseren Kursen oder im Unterricht, die uns erklären möchten, welche Knöpfe sie in ihr Pferd eingebaut haben und wie genau ihr Pferd „funktioniert". Wenn wir dann sagen, dass wir das nicht wissen möchten, sieht man Verwunderung in den Augen der Menschen. Natürlich hat jedes Pferd-Mensch-Paar seine

Unklare Kommunikation verwirrt das Pferd und führt zu Missverständnissen. Hier sieht man deutlich, wie Jenny Micky hinten schickt und vorne zieht.

Knöpfe und Kommandos sind sehr praktisch, doch ohne ein fundiertes Gefühl für die Hintergründe guter Pferdekommunikation kommt man damit schnell an Grenzen.

Finde die feinste Art, mit deinem Pferd zu kommunizieren. Das ist einfach wundervoll.

eigene Kommunikation, seine eigenen Vokabeln, teilweise auch eingespielte Tricks, und das ist auch gut so. Bei uns und unseren Pferden ist das nicht anders und Konditionierung kann – richtig angewandt – bei vielen Dingen sehr hilfreich sein. Doch damit gestaltet man eine eher begrenzte und fast ritualisierte formelle Methode des Zusammenseins mit Pferden. Wir möchten Pferdemenschen zeigen, wie lohnenswert es ist, sich eine etwas andere, intuitivere Art der Kommunikation anzueignen, durch die man sich mit jedem Pferd sofort verständigen kann. Diese ist vielleicht nicht immer so geschliffen wie einstudierte Manöver oder Tricks, aber es ist eine universellere Kommunikation, mit der wir beispielsweise oft mühelos fremde Pferde nach Dingen fragen können, die wir ihnen vorher eben nicht beigebracht oder antrainiert haben. Und das macht diese Art der Sprache zwischen zwei Lebewesen so wertvoll und auch sehr befriedigend für beide Seiten.

Was sich hier vielleicht etwas esoterisch liest, ist in Wahrheit nicht abgehoben, sondern auch für uns etwas so Normales, dass wir es eigentlich nicht wahrnehmen. Nur im Zusammensein mit den Pferden müssen wir es bewusster einsetzen und ein bisschen neu interpretieren.

Menschen, die viel reden, stören zwar Pferde meistens nicht, aber das Zuhören lohnt sich eben für dein Pferd auch nicht, wenn du nicht auf seinen Kanälen kommunizierst.

DARF ICH NICHT MEHR MIT MEINEM PFERD REDEN?

Die Sprache zwischen Pferd und Mensch, die wir dir näherbringen wollen, ist eine nonverbale, also eine lautlose Sprache. Das wirft natürlich direkt die Frage auf, die diesem Kapitel als Überschrift dient, denn es ist fest in der Natur des Menschen verwurzelt, mit Worten zu kommunizieren. Da ist es nur folgerichtig, das bei den Pferden ebenfalls zu tun. Und es scheint ja sogar oft zu wirken. Doch bei genauerer Betrachtung setzen „gesprächige" Menschen auch immer ihren Körper mit ein. Das reine Wort hat das Pferd dann doch nicht bewegt. Wie wir ja jetzt schon wissen, sind Menschen aber gut darin, das eine zu meinen und etwas anderes zu sagen. Das gilt auch für das Zusammenspiel von Reden und Körpersprache, d. h. Körper und Worte sagen häufig nicht das Gleiche aus. Das kann dann schnell zu Frustrationen und Ärger führen. Damit du dich am Anfang voll und ganz auf deine Körpersprache konzentrieren kannst, empfehlen wir dir daher, zunächst einmal komplett auf Worte zu verzichten. Dies wird dich genauer machen in deinen Bewegungen und du wirst empfinden können, wie du mit deinem Körper wirklich das ausdrücken kannst, was du dir in deinem Kopf überlegt hast. Sobald du deinen Körper bewusster wahrnimmst und einsetzen kannst, kannst du natürlich auch wieder mit deinem Pferd sprechen, denn dann passen Worte und Handlungen wieder zusammen.

FOKUS, ENERGIE, RAUM UND TIMING (FERT)

Bevor wir mit den tatsächlichen Übungen beginnen, möchten wir noch einige Begriffe ins Spiel bringen, die aus unserer Sicht die Basisbausteine für natürliche und echte Kommunikation darstellen. Dabei handelt es sich um Prinzipien, die für Pferde zum Tagesgeschäft gehören, mit deren Hilfe sie alles in ihrer Umgebung für sich einsortieren, bewerten und zu verstehen versuchen.

Auch wir Menschen tun das eigentlich, doch im Kontakt mit den Pferden scheint es eine Art Blockade für uns zu geben, und wir denken plötzlich nur noch in Kategorien wie Kommandos, Hilfen, Zeichen, Hilfsmittel u. Ä. Wer aber die für uns und Pferde natürlichen Elemente (wieder)entdeckt, wer ihre Wirkungsweise und deren Zusammenspiel wirklich versteht, der hat

Fokus, Energie und Raum: Das ist Tagesgeschäft für Pferde. Wenn wir diese Prinzipien zur Kommunikation nutzen, wird es für Pferde plötzlich viel leichter, uns zu verstehen.

das beste Werkzeug für eine flexible Kommunikation. Auch du wirst dadurch in der Lage sein, deine Körpersprache (wozu auch mentale und emotionale Aspekte gehören) enorm zu verbessern, um so jedem Pferd verständliche Fragen zu stellen. Die Verständigung kann sich sogar so weit verfeinern, dass du irgendwann (fast) nur noch denken musst, dein Pferd soll zum Beispiel einen Schritt nach rechts gehen, und es macht genau diese Bewegung! Vielleicht glaubst du, dass es Zufall war. Vielleicht versteht dein Pferd aber tatsächlich schon deine reine Intention. Wir erleben es jedenfalls oft, dass Pferde sensibel genug sind, um unsere minimalen körpersprachlichen und gedanklichen Signale zu lesen. Auf der einen Seite ist das eine schöne Sache, andererseits besteht aber auch erhöhte Gefahr für Missverständnisse. Es zwingt dich also dazu, wirklich genau und fein zu werden. Nicht nur in deinen Handlungen, sondern auch in deinen Gedanken und Intentionen. Du musst dir aber keine Sorgen machen, wir erklären dir jetzt im Einzelnen, wie du dich zu dieser Feinheit schulen kannst.

FOKUS: DAS INNERE BILD

Beginnen wir zunächst mit dem Fokus. Dahinter verbirgt sich oft ganz einfach nur die Frage: Wohin ist mein Blick, meine Schulter, mein Bauchnabel oder mein ganzer Körper gerichtet? Beim Reiten bestimmt das oft, wohin ich gerade reite, am Boden kann ich damit besser signalisieren, welchen Körperteil des Pferdes ich in welche Richtung bewegen möchte.
Doch es steckt noch mehr hinter diesem Begriff. Die wichtigste Lesart ist sicher das klare Bild von der anstehenden Aufgabe, welches du in deinem Kopf kreieren solltest. Bevor du mit deiner Frage anfängst, müsstest du dir schon im Klaren darüber sein, was du genau möchtest. Was soll dein Pferd ganz konkret machen? Also zum Beispiel: In welche Richtung soll es sich wie bewegen? Welchen Huf soll es wohin setzen? Was soll es sich anschauen? Du merkst schon, es gibt eine Vielzahl an Fragen, die du formulieren kannst. Unglücklicherweise sind die meisten Menschen mit ihrem inneren Bild zu allge-

Das innere Bild: Dein Pferd möchte immer wissen, welche Aufgabe du gerade „im Kopf" hast.

mein. Es fällt ihnen daher auch schwer, wirklich präzise Fragen zu formulieren. Das ist allerdings *die* Grundvoraussetzung für echte und partnerschaftliche Kommunikation mit dem Pferd. Warum? Weil dein Pferd ständig herauszufinden versucht, was du wirklich von ihm möchtest und wie eine mögliche Lösung ausschauen kann. Und das kannst du ihm nur dann vermitteln, wenn du selbst weißt, was du willst! Daher ist es deine Verantwortung, Fragen an das Pferd mit einem klaren Fokus zu stellen.

Wie der aussehen kann, werden wir dir bei den einzelnen Übungen noch genauer erklären. Fürs Erste soll dich der Hinweis auf einen klaren Fokus einmal mehr daran erinnern, dass es nicht darum gehen wird, einfach nur Übungen auswendig zu lernen, sondern Grundprinzipien zu verstehen, die du dann auf unterschiedlichste Aufgaben zu übertragen und auf immer höhere Ausbildungs-Levels zu verfeinern weißt. Mit einem echten Verständnis dieser Prinzipien kann man es so von einem ersten kleinen Schritt bis zur Piaffe schaffen. Das macht sie so wertvoll.

Ob deine Körperenergie ein- oder ausgeschaltet ist, macht einen riesigen Unterschied für dein Pferd und ist Grundvoraussetzung für feine Kommunikation.

ENERGIE – EINSCHALTEN ODER AUSSCHALTEN

Das Thema Energie ist so eine Sache, wenn es um die Kommunikation zwischen Mensch und Pferd geht. Wir machen immer wieder die Erfahrung, dass die wenigsten Menschen sich ihrer Energie wirklich bewusst sind. Das macht es ihnen dann auch schwer, diese gezielt und planvoll einzusetzen, sprich bewusst ein- oder auszuschalten. Sie haben zu viel Energie, wenn sie eigentlich gar keine ausstrahlen sollten, und zu wenig, und vor allem kaum aussagekräftige Energie, wenn sie diese bräuchten. Vorhanden ist sie jedoch in jedem Menschen. Das gibt uns die Möglichkeit, dir zu erklären, was du ändern kannst, um deine wertvolle Energie gezielt, im passenden Moment und in der richtigen Dosis einzusetzen. Dieses spannende Thema werden wir selbstverständlich auch bei den einzelnen Übungen genauer betrachten. Als Einstieg möchten wir dir hier erst einmal unsere Einteilung in die drei Energiezustände vorstellen:

1. AUSSCHALTEN: DIE ENTSPANNUNG

Dies sollte deine Grundenergie sein, wenn du fein mit Pferden kommunizieren möchtest, denn sie ist die Energie, die sich jedes Pferd am meisten wünscht. Jede Übung sollte aus dem Ausschalten heraus beginnen und auch wieder damit enden. Das kann von innerer Ruhe und Erdung bis hin zu komplettem Ausschalten deiner Energie

Ausschalten kann Vieles bedeuten: „Ich will nichts von dir", Pause, Danke!, „Super gemacht!", „Du kannst jetzt machen, was du möchtest", etc. Aber am schönsten ist es, wenn dein Pferd mit dir zusammen abschalten möchte.

inklusive Wegdenken und Weggehen vom Pferd reichen. Sie sollte einhergehen mit positiven Gedanken und Ausatmen. Dein ganzer Körper sollte beweglich sein. Ob er das tatsächlich ist, kannst du testen, indem du deine Arme und Beine locker ausschüttelst. Dein Blick sollte von deinem Pferd abgewandt sein (hier gibt es große Überschneidungen mit dem Thema Fokus), denn allein dein direkter Blick bedeutet für viele Pferde schon zu viel Druck. Auch die Ausrichtung deines Körpers ist erneut entscheidend. In der entspannten Situation solltest du nicht frontal (z. B. mit dem Bauchnabel) zu deinem Pferd hin gewandt sein. Drehe dich am Anfang ganz bewusst weg vom Pferd, das erleichtert dir die Wahrnehmung deines eigenen Körpers. Atme zum Üben und Angewöhnen auch übertrieben und laut aus. So findest du besser in echte Entspannung. Denke an etwas Schönes und vergiss in diesem Moment tatsächlich kurz dein Pferd. Das wird ihm große Erleichterung verschaffen.

2. EINSCHALTEN: ENERGIE FÜR NEUE AUFGABEN

Wenn du deinem Pferd nun eine konkrete Aufgabe stellen möchtest, dann schalte auch deine Energie bewusst ein. Dies sollte einhergehen mit deinem Fokus, also deinem inneren Bild der Aufgabe/ Frage an das Pferd. Wende dich dann deinem Pferd direkt zu, atme ein und mache dich präsent. Versuche, den Boden unter deinen Füßen, vielleicht sogar dein eigenes Gewicht auf dem Boden zu spüren (Erdung). Sobald eure Kommunikation feiner wird, wirst du merken, dass dein Pferd bereits auf diesen Unterschied deiner Energie unmittelbar reagieren wird. Dies wird in der Regel nicht sofort der Fall sein, weil dein Pferd erst erkennen muss, dass du die begonnene Frage auch wirklich zu Ende stellst und zwar auf eine Art und Weise, die ihm keine Angst macht. Das liegt dann wiederum ebenfalls an deiner Energie: Man kann Fragen an das Pferd mit netter, souveräner Energie stellen, oder mit Aggression und Dominanz. Mit der letzteren Art ist es leicht, ein Fluchttier in Bewegung zu setzen. Gehalten oder in Form gepresst wird die daraus resultierende Fluchtenergie dann von Seilen oder Zügeln. Das ist jedoch nicht das Ziel unserer Arbeit. Wir hätten gerne, dass das Pferd nicht wie ein Fluchttier reagiert, und dafür ist eine starke, aber freundliche Energie beim Fragenstellen unerlässlich. Stell dir z. B. vor, du würdest nicht mit einem Pferd arbeiten, sondern mit einem Hund spielen, dann findest du meist ein Einschalten, das spannend und überzeugend ist, jedoch keine Aggression beinhaltet.

Wie aber stellst du deine Frage jetzt nett und doch souverän zu Ende? Wenn dein Blick, dein Gedanke und das Einschalten deiner Energie nicht ausreichen, beginne auch deinen Körper einzusetzen. Starte immer fein und leicht und steigere die Energie durch mehr Rhythmus und mehr Druck. Deine Bewegungen sollten unbedingt ruhig und fließend bleiben. Sollte auch dein Körper nicht ausreichen, verwende Hilfsmittel, die dir die Möglichkeiten geben, deine Frage noch etwas deutlicher zu stellen. Welche Hilfsmittel das sein können, hängt von der Situation oder der Aufgabe ab. Es ist in jedem Fall wichtig, dass du von deinem Pferd am Ende eine akzeptable Antwort bekommst. Hörst du vorher auf und schaltest dich wieder aus, bist du nicht glaubhaft für dein Pferd, und vor allem verhinderst du dadurch, dass dein Pferd versteht, was du eigentlich wolltest. Abgebrochene Fragen und Aufgaben sind der häufigste und schnellste Weg zu Missverständnissen. Zielführender ist es deshalb, die Energie zu steigern, bis dein Pferd die gewünschte Antwort gibt und dadurch immer ein bisschen früher (sprich: feiner) auf deine Fragen reagieren kann.

Eine überzeugende Energie …

… muss nicht aggressiv sein.

So wird es sehr viel schneller verstehen, was du meinst. Denke beim Einsatz der Hilfsmittel an deine positive, erklärende Grundeinstellung. Es sollte dir nicht darum gehen, dein Pferd zu strafen oder deinen Willen durchzusetzen. Es sollte dir darum gehen, glaubhaft und ehrlich zu sein. Behalte unbedingt den ruhigen, flüssigen Rhythmus deiner Körpersprache bei, während du die Intensität erhöhst. Gib deinem Pferd keine „Morsezeichen", indem du bei gleicher zu geringer Intensität ständig den Rhythmus wechselst, sondern arbeite daran, dein Gefühl für Takt und Fluss zu verbessern.

3. NEUTRAL: MACH SO WEITER

Neben dem Einschalten und dem Ausschalten gibt es noch einen dritten Energiezustand. Wir nennen es das Neutral. Es ist (von der Idee her) mehr oder weniger zwischen dem Einschalten und Ausschalten angesiedelt. Während das Einschalten die Botschaft an das Pferd enthält: „Jetzt musst du etwas ändern und aktiv werden", und das Ausschalten heißt: „Jetzt brauchst du überhaupt nichts mehr zu tun", sagt das Neutral dem Pferd: „Tu das, was du gerade tust, genauso weiter, dann lasse ich es dich auch in Ruhe machen." Es hat äußerlich (was unsere physische Energie angeht) große Ähnlichkeit mit dem Ausschalten, im Unterschied dazu gilt es aber, während das Pferd einen bestimmten Auftrag hat. Man könnte sagen, es ist eine Art Pause während der Aufgabe. Die größte Herausforderung liegt darin, dass der Mensch aufhören soll, sein Pferd zu treiben, und dass dies stattdessen selbstständig seine wertvolle Energie einsetzt. Wir bringen das Pferd zum Beispiel auf dem Zirkel zum Traben, und wenn es das tut,

Eine gute neutrale Energie ist weder ausgeschaltet, noch macht sie Dauerdruck. Das macht sie zur besten Voraussetzung für Eigenverantwortung und Fluss.

Nicht nur für Nähe und Distanz beim Training, auch für Weite und Enge haben Pferde ein gutes Gespür. Das Thema „Raum" ist somit hauptverantwortlich für so manche Konfliktsituation.

werden wir neutral. Wir fügen keine Energie hinzu, schalten uns aber nicht völlig aus, sind also mental noch bei dieser Aufgabe (dem Trab). Unterbricht das Pferd in unserem Beispiel die Gangart, sind wir wieder „an" und fragen es erneut in den Trab. Das Pferd lernt dabei: Wenn ich die Übung herausfinde und sie selbstständig weitermache, habe ich meine Ruhe, wenn ich die Aufgabe aber unterbreche, schaltet sich mein Mensch wieder an und ich muss sie sowieso weitermachen. Das ist die beste Methode, Pferden Eigenverantwortung beizubringen. Denn ob wir sie lassen, oder ob wir sie wieder ein bisschen nerven, entscheiden sie selbst.

4. RAUM

Als Fluchttiere haben Pferde einen sehr feinen Sinn für Räume. Sie sind darauf angewiesen, jederzeit zu wissen, wo sie noch durchkommen, wo sie lieber bremsen und wenden, und ob sie das besser mit der Vorhand oder der Hinterhand tun sollten. Auch innerhalb der Herde müssen diese Entscheidungen hundertfach am Tag getroffen werden – besonders in begrenzten Paddocks. Sehr viele Missverständnisse zwischen Pferd und Mensch haben ihre Ursache darin, dass Menschen das Konzept Raum bei der Arbeit mit Pferden vernachlässigen oder nicht verstehen. Die Suche nach künstlichen Zeichen und Kommandos scheint ihnen wichtiger als die eigentlich entscheidende Frage: „Wo mache ich dem Pferd den Raum eng, und wo mache ich ihm Platz?" Wenn du es schaffst, an diese Frage zu denken, hast du einen Riesenschritt in Richtung natürlichere Kommunikation gemacht und wirst staunen, wie schnell dein Pferd sich darauf einlässt. Ein wichtiger Faktor in eurem Miteinander zeigt sich auch darin, wie gut du deine Position bei deinem Pferd beibehalten kannst, oder wie gut dich dein Pferd umzupositionieren weiß.

Timing bestimmt, was dein Pferd lernt. Dein machtvollstes Hilfsmittel dabei: Loslassen

5. TIMING:

Wann du wie auf dein Pferd reagierst, liefert ihm Informationen darüber, welches Verhalten eine gute und welches eine weniger gute Idee ist. Das ist sehr wichtig im Hinblick auf das Thema Grenzen setzen, damit es zum Beispiel beim Verladen nicht am Anhänger vorbeiläuft oder nicht einfach auf die Straße oder in dich hineinrennt. Traditionell kommt dem Timing aber die größte Bedeutung beim Ausschalten oder Aufhören zu. Denn damit kannst du deinem Pferd immer sagen: „Das war eine gute Idee!“ Das ist nicht immer einfach, denn hier geht es manchmal um Sekundenbruchteile. Es sollte dir deshalb bewusst sein, dass es eine sehr kraftvolle Energie ist.

Wie du dir denken kannst, hat das Timing wieder viel mit deiner Energie zu tun. Das kannst du dir so vorstellen: Wenn du deine Frage aufbaust, dann ist das so, als ob du einen Luftballon mit Gas aufbläst. Es geht sehr langsam und die Energie/ das Volumen werden stetig mehr. Jetzt stell dir vor, dass du mit einer Nadel in den Ballon stichst. Die Energie ist von einem Moment zum anderen verschwunden. Es geht wahnsinnig schnell. Den Knall vergessen wir mal kurz, denn dein Ausschalten sollte dein Pferd natürlich nicht erschrecken, sondern belohnen. Hier geht es nur um das Tempo, mit welchem du deine Energie wieder ausschalten solltest.

Achte also sehr genau und bewusst auf den Einsatz deines Timings. Damit kannst du Pferden sehr schnell alles Mögliche beibringen – gutes oder ungünstiges Verhalten, ob du es möchtest oder nicht. Viele sind sich der Macht des Timings nämlich nicht bewusst und bestätigen ungewollt das Gegenteil von dem, was sie sich wünschen, indem sie zum falschen Zeitpunkt etwas tun, oder, noch schlimmer, mit etwas aufhören. Das wieder zu korrigieren, dauert dann oft viel länger.

Vielleicht erkennst du jetzt schon, wie eng Fokus, Energie, Raum und Timing tatsächlich zusammenhängen und wie mächtig und hilfreich sie bei richtigem Einsatz sind. Man braucht ein genaues Bild (Fokus), welche Energie man wo (Raum) einsetzt und was man damit erreichen möchte, um im richtigen Moment die Energie wieder auszuschalten (Timing).

SICHER ODER UNSICHER?

Natürlich dienen die Übungen in diesem Buch nicht nur dem Menschen. Sie sollen auch einen Sinn und Nutzen für dein Pferd haben. Es wird bald umso lieber mit dir zusammenarbeiten und lernen, wenn es merkt, dass es etwas davon hat.
Die ersten Übungen, die wir dir beibringen möchten, haben das Ziel, dem unsicheren Pferd zu helfen, wieder sicher zu werden. Das ist eine große und lohnenswerte Aufgabe, die euch beiden immer wieder zugutekommen wird. Pferde sind von Natur aus unsichere Wesen. So können sie u. a. kleinere Veränderungen der gewohnten Umgebung, andere Pferde oder auch nur das Wetter aus der Ruhe bringen und ihren Gemütszustand negativ beeinflussen. Ihre natürlichen Schutzmaßnahmen Flucht, Angriff oder Einfrieren sind jedoch leider in der Welt der Menschen eher ungeeignet. Sie sind nicht

Sehr ähnlich, aber doch nicht gleich: Der sehr interessierte, sichere Micky links …

… und die unsichere, besorgte Amy rechts. Ein kleiner Unterschied, der große Folgen haben kann.

nur für dein Pferd, sondern auch für dich und andere Tiere oder Personen durchaus gefährlich und können zu schweren Verletzungen führen. Wir sehen es somit als unsere Verantwortung, den Pferden andere Lösungsstrategien zu vermitteln und, noch wichtiger, als Mensch in der Lage zu sein, das Pferd aus einem unsicheren in einen sicheren Zustand zu bringen. Die Übungen, die dir diese Eigenschaften vermitteln, können wir dir nur ans Herz legen, und sie dienen nicht nur der Basis. Du kannst und solltest sie immer anwenden, sobald du merkst, dass dein Pferd in einen unsicheren Zustand kommt. Einem unsicheren Pferd etwas beibringen zu wollen, ist verschwendete Energie. Je mehr es sich im Fluchttiermodus befindet, desto weniger wird es lernen können. Deshalb ist es eines unserer obersten Ziele, Pferde in einen entspannten, denkenden Modus zu bringen. Erst dann machen weitere Übungen Sinn, in welchen das Pferd aktiv mitarbeiten und auch Verantwortung übernehmen kann und soll.

Der Wechsel zwischen Sicherheit und Unsicherheit wird zu Beginn häufiger vorkommen. Aber das ist gar nicht schlimm. Je besser du das unterscheiden kannst und verstehst, wann dein Pferd deine Hilfe benötigt, desto authentischer werden deine Horseman-Qualitäten sein. Hierdurch schaffst du nachhaltig Vertrauen.

Nur ein sicheres Pferd kann eine echte Verbindung eingehen. Sogar beim Grasen.

Das unsichere, introvertierte Pferd flüchtet eher nach innen.

INTROVERTIERT ODER EXTROVERTIERT?

Ähnlich wie bei uns Menschen gibt es bei den Pferden auch verschiedene Grundtypen. Die einen neigen eher dazu, ihre Energie festzuhalten und zu sparen. Sie haben bei Gefahr eher die Tendenz, nach innen zu flüchten.

Wenn sie aber entspannt sind, machen sie dir schnell klar, dass sie Menschen eigentlich gar nicht brauchen. In vielen Aufgaben sehen sie keinen Sinn, sondern betrachten diese eher als reine Energieverschwendung. Für diese introvertierte Art von Pferden müssen wir besonders gut werden, denn wir sollten es tunlichst vermeiden, ihnen Angst zu machen und sie so tiefer in ihr Schneckenhaus zu drücken. Stattdessen sollten wir so gut und attraktiv für sie werden, dass sie beginnen, uns wahrzunehmen und sich öffnen, um ihre wertvolle Energie für und mit uns einzusetzen.

Ganz anders ist es bei einem extrovertierten Pferd. Ist es unsicher, erkennt man sofort das typische Fluchttier. Es ist extrem angespannt, hyperaufmerksam auf äußere Reize

Das unsichere, extrovertierte Pferd will nur noch weg. Dies kann übel enden.

und kann seine Beine nicht stillhalten. Es rennt, steigt, prustet, stellt den Schweif hoch und würde sich eher die Knochen brechen, als auf seinen Menschen zu achten. Befindet es sich jedoch in einem sicheren Zustand, ist es verspielt, aufmerksam, leicht zu bewegen und zu motivieren.
Du kannst dir sicher schon denken, dass unterschiedliche Pferdetypen auch unterschiedliche Herangehensweisen benötigen, damit sie sich sicher und verstanden fühlen und bei fortgeschrittenen Übungen auch lernen können. Wir werden deshalb einzelne Übungen auch differenzieren und auf diese Unterschiede hinweisen. In unserem Buch „Die Persönlichkeit meines Pferdes" gehen wir aber sehr viel ausführlicher auf diese Thematik ein.

Das sichere, extrovertierte Pferd ist offen, verspielt und aufmerksam.

Das Equipment sollte gut passen und die gesendete Energie beim Gegenüber ankommen.

WELCHES EQUIPMENT SOLLTE ICH BENUTZEN?

Das ist eine gute und sinnvolle Frage, die dir am besten dein Pferd beantworten kann. Wie du ja schon bemerkt hast, ist Energie ein sehr wichtiges Thema bei der Arbeit mit Pferden, deshalb empfehlen wir immer Halfter und Seile, die Energie gut fließen lassen. So sollte auf der Seite deines Gegenübers die Energie ankommen, die du gesendet hast, und genauso sollte bei dir die Energie ankommen, die dein Pferd dir schickt. Das Material sollte sich gut anfühlen. Wenn wir Pferden etwas an den Kopf legen, machen wir gerne den „Nasentest" bei uns. Probiere doch einfach mal aus, dir unterschiedliche Halfter oder andere Zäumungen selbst auf die Nase zu legen. Manche sind sehr hart, fest und eher unangenehm, ja sie verursachen sogar Schmerzen, ohne dass man besonders viel Druck ausübt. Andere sind eher schlaff und kaum fühlbar. Es gibt aber auch eben die Halfter und Zäumungen, die sich richtig gut anfühlen und bei denen du merkst, dass du mit ihrer Hilfe kommunizieren kannst. Und genau diese möchten wir dir empfehlen, denn dein Pferd fühlt es genauso.

Dein Pferd und auch du solltet euch mit dem gewählten Equipment wohlfühlen. Wie hier zum Beispiel mit dem sehr angenehmen Equizaum.

DAS HALFTERN

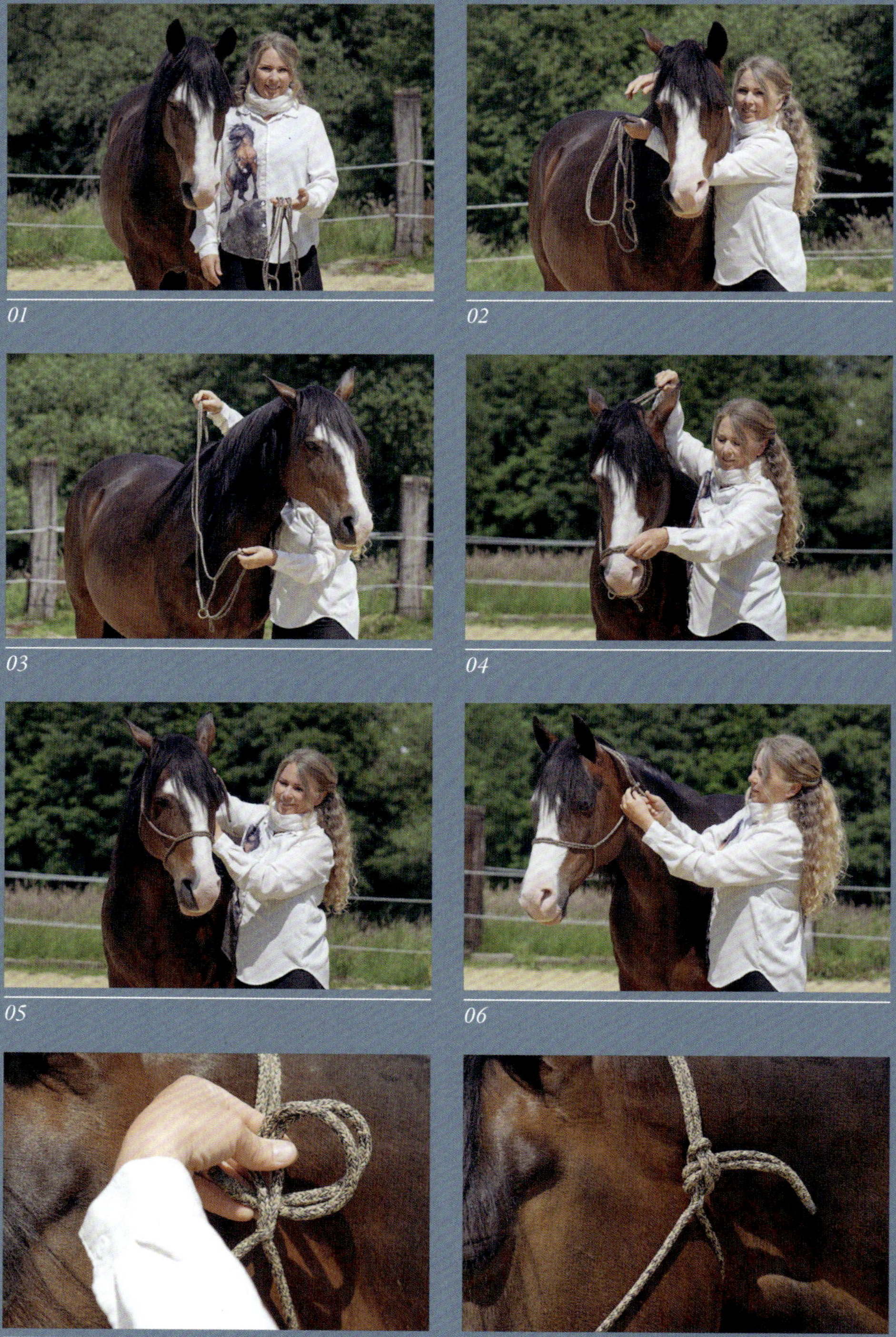

01 02 03 04 05 06 07 08

01 – 08 Das Halftern des Pferdes sollte freundschaftlich und mit viel Gefühl erfolgen.

Unsere Halsringlonge bietet einen schönen Übergang in Richtung Freiheit.

Egal was du deinem Pferd anziehst, es sollte auf jeden Fall gut passen. Dies ist zum einen natürlich sehr viel angenehmer für dein Pferd, zum anderen ist es aber ebenfalls eine Voraussetzung für gute Kommunikation. Unser großes Ziel ist es immer, den Pferden möglichst wenig an den Kopf zu schnallen, und auch in Situationen, in welchen unsere Pferde Halfter tragen, möglichst wenig Druck damit auszuüben. Wenn du ein Knotenhalfter verwendest, solltest du auf das korrekte Anlegen achten. Wie das genau aussehen kann, zeigen wir dir auf den Fotos. Die Seillänge kann je nach Gemütszustand deines Pferdes, der Übung und der Situation durchaus variieren. So empfehlen wir dir bei einem unsicheren, extrovertierten Pferd gerne ein langes, dickeres Seil, damit du in der Lage sein kannst, deinem Pferd Raum zu geben, wenn es ihn benötigt, es aber auch zu halten, wenn es über sein Ziel hinausschießt. Bei entspannten Pferden verwenden wir gerne leichtere und dünnere Seile, damit wir wirklich fein kommunizieren können. Bei fortgeschrittenen Pferd-Mensch-Paaren empfehlen wir auch unsere Halsringlonge. Hierfür muss aber tatsächlich schon eine sichere und gute Kommunikation und eine echte Verbindung zwischen euch bestehen. Ganz gleich, welches Equipment du verwendest, ist es jederzeit wichtig und sinnvoll, dass du in der Lage bist, deine Fragen zu Ende zu stellen. Hierzu kannst du z. B. das Seilende, aber auch einen Stick oder eine Gerte verwenden. Es kommt immer darauf an, ob du mehr Reichweite brauchst oder im engen Rahmen sehr fein kommunizieren möchtest. Hör einfach immer auf dein Gefühl und natürlich auf dein Pferd. Häufig hören wir die Ausrede, dass das Handling mit Seil UND Stick zu schwierig sei! Das lassen wir allerdings nicht gelten.

ES GEHT LOS!
— *Praktische Übungen für Sicherheit*

FÜHRUNG ÜBERNEHMEN FÜR SICHERHEIT

Jetzt darfst du endlich loslegen! Versuche bei allen Übungen, die du dir aneignest, unsere bisherigen Tipps im Hinterkopf zu behalten, denn sie erleichtern dir das Verständnis.
Die ersten Übungen dienen vor allem der Sicherheit. Nimm sie deshalb ernst und wichtig und werde wirklich gut in der Durchführung!
Viele Pferdebesitzer machen sich über das Thema Führen keinen großen Kopf. Sie führen einfach ihr Pferd von A nach B, ohne sich Gedanken darüber zu machen, was dies eigentlich für das Pferd bedeutet. Andere haben das Führen auf eine Art gelernt, die aus unserer Sicht wenig Sinn ergibt und für das Pferd sogar eher unangenehm werden kann. Das typische Bild, das man hier sieht, ist ein Pferd, das sehr kurz und fest gehalten wird, mit dem Zweck das Pferd und die Situation zu kontrollieren. Das Ergebnis ist genau das Gegenteil. Ein Mensch, der kontrollieren muss, strahlt Unsicherheit und Härte aus. Das fördert nicht die Sicherheit des Pferdes, sondern steigert eher noch den Drang, sich von diesem zusätzlichen Druck zu befreien.
Wir möchten dir nun gerne erklären, warum wir eine andere Art von Führung bevorzugen, vermitteln und anwenden.

ZIEL

Dein Ziel ist, durch positive Führung deinem Pferd Sicherheit zu geben. Du läufst schräg vor deinem Pferd und hast „die Nase vorn“. Dein Pferd entscheidet sich freiwillig, dir zu folgen, weil du Sicherheit und Kompetenz ausstrahlst.

DURCHFÜHRUNG

Nimm den Teil des Seils, mit welchem du mit deinem Pferd direkt verbunden bist, einfach in die Hand (nicht mehrfach oder als Knäuel). Den Rest des Seils und ggf. den Stick nimmst du in die andere Hand. Lasse hierzu deine Arme locker an deinen Seiten herunterhängen und lege das Seil dann in deine Hand. So kannst du es gut, aber unverkrampft halten und musst deinen Arm nicht anspannen.
Suche dir nun ein Ziel und gehe los. Da es sich um eine potenziell unsichere Situation handelt, machst du den ersten Schritt.
Lasse das Seil dabei langsam durch deine noch offene Hand gleiten. Im Fall, dass dein Pferd nicht mitläuft, schließt du langsam die Hand und baust Zug auf, den du so lange beibehältst und wenn nötig mit dem Stick unterstützt, bis dein Pferd sich in Bewegung setzt. Tut es das, öffne deine Hand sofort

Kontrolle schafft keine echte Sicherheit, sondern kreiert genau das Gegenteil.

und trage das Seil wieder locker in der Hand. Während du nun weiterläufst, achte sehr genau auf dein Pferd. Werde nicht schneller oder langsamer als dein Pferd – das gilt ebenso in vielen anderen Situationen. Bleibt es stehen, so beginnst du deine Frage einfach wieder freundlich von Neuem und steigerst deine Energie, bis die Antwort des Pferdes kommt. Mit der Zeit wirst du merken, wie dein Pferd immer früher reagiert und flüssiger mit dir läuft. Für dich sollte es sich dann nur noch so anfühlen, als ob du ein Seil trägst und nicht ein Pferd ziehst oder hältst.

Hat dein Pferd die Tendenz, schnell zu sein und dich zu überholen, solltest du folgenderweise aktiv werden, dass du dich bewusst in einem 90° Winkel von ihm abwendest und in die neue Richtung weitergehst. Der Effekt ist, dass dein Pferd automatisch wieder hinter dich kommt. Sollte dein Pferd dich rechts überholen, so biegst du nach links ab und umgekehrt.

Wenn der 90° Winkel nicht ausreicht, so kannst du auch einen ganzen Kreis laufen, um wieder auf deinen ursprünglichen Weg zu gelangen. Dieser Kreis muss aber sehr klein sein, damit dein Pferd danach wieder hinter dir ist. Laufe am besten direkt auf die Hinterhand zu, schicke sie weg und begib dich dann wieder auf deinen Ursprungsweg. Falls du zu wenig Platz hast, gibt es die Alternative, dass du stehen bleibst, dich unverzüglich zu deinem Pferd umdrehst und dir Platz verschaffst, bis es auf dem Abstand ist, den du benötigst. Danach solltest du wieder loslaufen. Der Nachteil an dieser Methode ist, dass es ohne vorheriges Üben zu größeren Konfrontationen zwischen dir und deinem Pferd kommen kann, wenn z. B. sein Vorwärtsdrang einfach zu groß ist. Sie kann aber auch von Vorteil sein, wenn euch nicht genug Raum zur Verfügung steht. Wie genau du dir Platz verschaffen kannst, erklären wir ausführlich im Kapitel „Privatzone".

Du solltest Ruhe und Selbstsicherheit ausstrahlen, wenn du läufst. Konkrete Ziele geben dir automatisch einen stärkeren Fokus. Mit der Zeit wirst du merken, wie dein Pferd sich hinter dir entspannt und dir freiwillig folgt. Dies ist für dich das Zeichen, dass es beginnt, deine Führungsqualitäten zu erkennen, zu fühlen, zu respektieren und sogar zu suchen.

Positive Führung hilft Pferd und Mensch.

BEI MIR KLAPPT ES NICHT!

1. Mein Pferd lässt sich kaum oder nur sehr schwerfällig von der Stelle bewegen

Hast du ein eher introvertiertes Pferd, so wird es sehr langsam gehen und häufiger stehen bleiben. Wenn du zu schnell zu viel Druck am Seil aufbaust, wird seine natürliche Tendenz der Gegendruck sein, und es fühlt sich für euch beide wie Tauziehen an. Hier ist es wichtig, dass du dir unbedingt genug Zeit nimmst, wenn du das Seil durch deine Hand gleiten lässt. Hält das Pferd dagegen, ist es wichtig, dass du freundlich, aber bestimmt dranbleibst, bis es nachgibt.

FÜHRUNG ÜBERNEHMEN

01 Wenn dein Pferd dich überholt, ...

02 ... wende dich im 90° Winkel von ihm ab ...

03 ... und nimm es mit, ...

04 ... so kommt es automatisch hinter dich.

05 Einen kompletten Kreis zu laufen, ...

06 ... führt ebenso zum Ergebnis.

Es muss merken, dass du mental stark genug bist, deine Frage zu Ende zu stellen. Nutze innere Bilder. Stell dir z. B. vor, dass du mit einem Seil mit der Bande verbunden bist, welches sich immer mehr verkürzt. Es zieht dich quasi zur Bande. Du wirst erstaunt sein, wie sich dein Pferd plötzlich, wie durch Zauberhand in Bewegung setzt. Tut es das, ist wieder dein Timing gefragt und deine Hand muss unverzüglich aufgehen. Eine andere Möglichkeit, ein „festgewurzeltes" Pferd in Bewegung zu setzen, ist, es ein wenig aus dem Gleichgewicht zu bringen. Behalte den Zug auf dem Seil bei und bewege dich nach links oder rechts auf einem Kreisbogen. Der Radius ist das gespannte Seil. Du wirst zu einem Punkt kommen, an dem dein Pferd nicht mehr gut gegenhalten kann und es einen Schritt zur Seite machen wird. In dem Moment gibst du sofort nach.

2. Ich ziehe mein Pferd beim Führen hinter mir her

Lerne, besser und öfter nachzugeben. Dauerdruck auf dem Seil provoziert genau das Gegenteil: Er stumpft das Pferd weiter ab. Belohne dein Pferd für jedes kleine Nachgeben durch das Öffnen deiner Hand und lasse dich mehr auf sein Tempo ein. Mit der Zeit wirst du merken, dass es von sich aus immer leichter, weiter und sogar schneller mitläuft.

3. Mein Pferd überholt mich ständig und beginnt sogar zu traben

Dein Pferd ist wahrscheinlich eher extrovertiert. Diese benötigen eine starke und positive Führung. Positiv deshalb, weil es deinem Pferd und dir hilft, euch besser und sicherer zu fühlen. Sei konsequent. Verhindere nicht, dass dein Pferd dich überholt, sondern reagiere nur in dem Moment, in dem es deine Führung in Frage stellt. Sollte es antraben und dich überholen, lasse ihm ruhig etwas mehr Seil und wende dich unverzüglich, aber flüssig von ihm ab und laufe weiter, wie du es schon gelernt hast. Dies wiederholst du jedes Mal, wenn es passiert. Am Anfang wirst du vermutlich sehr oft abbiegen müssen, aber dein Pferd wird auch schnell erstaunt darüber sein, wie unglaublich gut du bist, weil es nicht schafft, an dir vorbeizukommen. Dadurch, dass es sich bewegen kann, aber auch dich immer mehr wahrnimmt, wirst du schnell merken, wie es langsamer wird, evtl. auch abschnaubt, schleckt und dir am Ende bereitwillig folgt.

Stetiger Zug und Unaufmerksamkeit verhindern Kooperation und Motivation – egal wohin ihr geht.

Wende dich einfach in Ruhe von deinem Pferd ab, so wird es dir schneller bereitwillig folgen.

Pferde haben ein gutes Gefühl für Raum, und wenn du ihnen helfen möchtest, musst du das auch lernen. Hast du keine Privatzone, wie in diesem gestellten Beispiel, wird es im Ernstfall gefährlich.

DIE PRIVATZONE

Mit dieser Übung zeigst du deinem Pferd, dass du in der Lage bist, dir Raum zu nehmen. Vielleicht hast du den Ausdruck „Wer bewegt wen?“ schon einmal gehört. Wer welchen Raum für sich beanspruchen kann, sagt innerhalb der Herde viel über Führen und Folgen aus. Menschen lassen sich leider oft unbewusst von ihren Pferden bewegen. Häufig heißt es dann: Die Pferde testen uns damit aus. Das brauchen sie jedoch gar nicht, weil sie sofort erkennen, ob du ein Mensch bist, der sich leicht bewegen lässt oder nicht. Bewegen umfasst übrigens nicht nur den körperlichen Bereich, sondern auch den mentalen und emotionalen. Das heißt, Pferde können uns auch mit subtilen Bewegungen aus dem Konzept oder auch zur Weißglut bringen. Nicht selten reicht ein kleiner Schritt zur Seite aus, um den Menschen in eine andere Position zu bringen, sodass er seine Frage unterbrechen muss. Wenn das Pferd dies merkt, erkennt es schnell die Schwäche des Menschen und wird sich in schwierigen Situationen eher dafür entscheiden, sich selbst um die Angelegenheit zu kümmern. In entspannten Situationen wird es auf der anderen Seite keinen Sinn darin sehen, auf den Menschen zu hören und mit diesem zu kooperieren. Es ist deshalb unglaublich wichtig, das Konzept von „Wer bewegt wen?“ zu verstehen und umzusetzen, denn es sagt dem Pferd ganz unmittelbar, ob du kompetent bist oder nicht.

RAUM ZUM PFERD SCHAFFEN

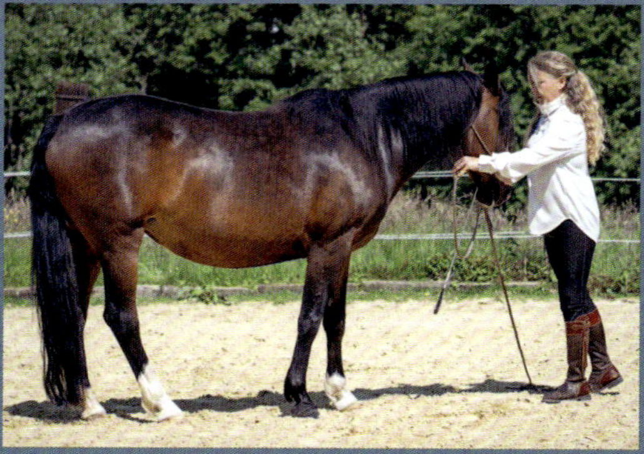

01 Gib deinem Pferd mit der Hand ein Gefühl des Weichens am Halfter.

02 Jede Kleinigkeit ist wichtig: Hier sieht man schön die offene Hand.

03 Sollte dies nicht ausreichen, steigere deine Energie mit Hilfe des Sticks. Deine Füße bewegen sich nicht.

04 Bleibe dran und erhöhe stetig die Energie, bis dein Pferd weicht

05 Nimm deutlich deinen Raum ein, sodass man es von außen sieht.

06 Wenn dein Pferd dir genügend Raum geschenkt hat, entspanne dich sofort.

ZIEL

Du kannst Raum zwischen dir und deinem Pferd schaffen, indem du es entweder von dir weg bewegst, oder indem du seinen Raum einnimmst.

DURCHFÜHRUNG – RAUM ZUM PFERD SCHAFFEN

Stell dir vor, dass deine Füße am Boden festwachsen. Lass dich nicht von deinem Pferd von der Stelle bewegen. Lehne dich ein bisschen nach vorne, so als wolltest du einen Schritt in Richtung Pferd andeuten, dies gibt dir mehr Standfestigkeit. Nimm nun eine Hand ans Halfter des Pferdes und gib ihm ein Gefühl von dir weg. Atme hierfür ein und mache dich so groß wie du kannst. Sollte dein Pferd nicht weit oder leicht genug von dir wegweichen, unterstütze deine Frage mit dem Seilende oder dem Stick, die du zuerst Richtung Pferdebrust schwingst und dann damit ggf. die Brust touchierst. Bleibe so lange dran, bis dein Pferd auf die Distanz gewichen ist, die du dir wünschst. In dem Moment schaltest du dich sofort aus und entspannst dich. Bleibe auf der Stelle und drehe dich leicht vom Pferd weg, sodass dein Körper nicht mehr zu ihm ausgerichtet ist und du es auch nicht mehr anschaust. Wenn dein Pferd weicht, bleibe auf deinem Platz stehen. Bei dieser Übung geht es nicht darum, das Pferd einfach nur rückwärtsweichen zu lassen, sondern darum, deinen Raum zu beanspruchen. Das ist ein großer Unterschied. Innere Bilder können dir sehr gut helfen. So kannst du dir vorstellen, du stehst unter einer großen Käseglocke und möchtest den gesamten Raum für dich einnehmen. Diesen Raum kannst du mit dem Stick, Seil und deinen Armen ausfüllen. Einer Schülerin half das Bild, sie stecke bis zum Hals im Bällebad eines bekannten Möbelhauses und müsse sich mit den Armen einen Weg durch die Bälle bahnen. Deiner Fantasie sind hier keine Grenzen gesetzt. Du kannst z. B. mit dem Stick einen Kreis um dich herum zeichnen, welchen dein Pferd nicht betreten darf.
Die Privatzone ist eine wichtige Übung, weil sie deinem Pferd viel über deine Kompetenz sagt. Du musst dir also von Anfang an sicher sein, dass du deinen Raum beanspruchen wirst, das Pferd soll aber auch nicht den Eindruck haben, bestraft zu werden. Dafür ist eine starke Ausstrahlung und Konsequenz nötig, gepaart mit einer wohlwollenden Energie, die nicht konfrontativ gegen das Pferd gerichtet ist. Hilfreich ist eine Einstellung, wie etwa: „Wenn ich mir meinen Raum nicht verschaffen kann, kann ich nicht auf dich aufpassen."
Je aufgeregter dein Pferd ist, umso effektiver solltest du deine Privatzone beanspruchen können. Je besser du dich aber entspannen kannst, sobald dir dein Pferd Raum schenkt, desto weniger Energie wirst du benötigen.

Die Situation im Blick zu haben, ist wichtig, um den nächsten Schritt zu planen. Auch dafür brauchst du räumlichen Abstand zum Pferd.

BEI MIR KLAPPT ES NICHT!

1. Mein Pferd rennt immer in mich rein

Dies ist in der Regel ein Zeichen dafür, dass du dir selbst nicht wirklich glaubst und nicht effektiv genug deinen eigenen Raum beanspruchst. Habe keine Sorge, dein Pferd zu touchieren. Je glaubhafter du deinen Standpunkt vertrittst, desto mehr kann dein Pferd dich verstehen, sich entspannen und deinen Bereich respektieren. Gegebenenfalls solltest du zunächst das Rückwärts am Halfter deutlich verbessern und möglichst fleißig in entspannten Situationen üben. Oft hören wir von unseren Schülern auch: „Immer, wenn ich mich versuche auszuschalten, kommt mein Pferd wieder zu mir …“ Hier liegt das Problem im Wort „versuchen“, denn es beinhaltet deine Unsicherheit. Es ist sehr wichtig, dass du dich wirklich komplett ausschaltest, sobald dein Pferd weicht, dass du aber auch sofort wieder präsent bist, wenn dein Pferd deinen Raum wieder einnehmen möchte.

2. Mein Pferd geht zwar ein paar Schritte zurück, dringt aber sofort wieder in meinem Bereich ein

Auch in diesem Fall stellt dein Pferd deine Glaubwürdigkeit in Frage. Wiederhole den Vorgang immer wieder, so oft es nötig ist. Vergrößere ruhig auch den Abstand und male dir Hilfslinien auf den Boden, damit du ein klares Bild hast. Irgendwann wird dein Pferd stehen bleiben und abwarten. Dann ist das Ziel erreicht. In diesem Moment, kannst du dein Pferd losführen, falls es ihm insgesamt in der angespannten Situation schwer fällt, stehen zu bleiben. Du kannst es aber auch zu dir holen oder zu ihm hingehen. Überlege, was dein Pferd sich als Belohnung wünscht.

Wenn dein Pferd deinen Raum beansprucht, lerne, effektiv zu sein und dir selbst zu glauben.

Dann wird es dir den Raum schenken, den du brauchst, um euch beiden Sicherheit zu geben.

„Da möchte ich meine Füße hinsetzen!“

3. Ich muss sehr viel Druck machen und mein Pferd bewegt sich trotzdem kaum von der Stelle

Ein unsicheres, introvertiertes Pferd wird durch Druck unter Umständen immer mehr in seine Flucht nach innen getrieben. In diesem Fall macht es natürlich keinen Sinn, auf deine Privatzone zu bestehen. Ganz im Gegenteil. Diesem Pferdetyp hilfst du aus seiner Flucht nach innen heraus, indem du ganz bewusst von ihm weggehst und ihm Raum schenkst. Dies können durchaus einige Meter sein. Andererseits ist dieses Problem auch typisch, wenn Menschen sich nicht trauen, die Frage wirklich zu Ende zu stellen. Überprüfe also wieder deinen Fokus und deine Energie. Schlechtes Timing bringt dem Pferd bei, Druck auszuhalten.

DURCHFÜHRUNG – DEN RAUM DES PFERDES EINNEHMEN

Vielleicht hast du schon einmal auf der Weide beobachtet, wie das ranghöhere Pferd genau das Gras fressen möchte, welches gerade ein rangniederes Pferd frisst. Auch das ist ein Paradebeispiel für das Prinzip: „Wer bewegt wen?“ Mit Hilfe dieser Übung kannst du deinem Pferd erklären, dass du stark genug bist, seinen Platz einzunehmen. Bewege dich selbstbewusst, aber langsam und flüssig auf dein Pferd zu. Schalte dabei deine Energie an, atme ein und schaue deinem Pferd auf die Vorderbeine. Dein Ziel ist es, dass deine Füße nach der Durchführung dort stehen, wo bis jetzt die Hufe deines Pferdes gestanden haben. Sei genau und verwende den Hufabdruck als helfendes Bild. Versuche, die Energie regelrecht zu spüren, die aus deinem Bauch strömt und dein Pferd wie durch einen Luftstrom von dir weg bewegt. Sollten dein Blick, deine Energie und die Bewegung deines Körpers nicht ausreichen, so verwende zusätzlich, wie bei der vorherigen Variante, das Seilende oder einen Stick, um deine Frage auf jeden Fall zu Ende stellen zu können. In dem Moment, in welchem dein Pferd seinen Platz freigibt und du dich dahin stellen kannst, wo gerade noch die Vorderhufe deines Pferdes standen, schaltest du dich sofort wieder aus.

BEI MIR KLAPPT ES NICHT!

1. Ich laufe immer direkt in mein Pferd rein und habe keine Zeit, meine Frage zu stellen

Manchmal macht es anfangs mehr Sinn, wenn du aus größerer Distanz startest, weil du so zunächst einmal dem Pferd die Zeit geben kannst, dich überhaupt wahrzunehmen und auf dich zu reagieren. Es geht ja vor allem darum, dass du deinem Pferd grundsätzlich erklären kannst, dass du in der Lage bist, seinen Raum einzunehmen. Deshalb musst du hier weniger spontan effektiv sein, um für Sicherheit zu sorgen, sondern du hast ja mehr das grundlegende Ziel, deine Stärke auszudrücken. Deshalb kannst du diese Übung auch bewusst mit Abstand starten.

Fast jeder macht diese Übung in der Bewegung viel zu schnell. Achte immer darauf, dich langsam und flüssig zu bewegen.

Prüfe beim nächsten Mal auch, ob du wirklich genug fokussierte Energie ausstrahlst. Es ist diese Energie, die den Raum einnehmen soll. Deshalb ist es unbedingt notwendig, dass du sie auch wirklich strahlen lässt.

Stelle deine Frage unbedingt zu Ende. Nutze hierbei auch den Fokus. Übe dies ruhig auch zunächst wieder mit einem anderen Menschen, um ein klares Bild und Gefühl von dieser Energie zu bekommen.

Wenn du deinen Raum gut beanspruchen kannst, gibt es wahre Nähe.

Dein Pferd ist überall, nur nicht bei dir!

DIE „JEAN-FRANÇOIS-ÜBUNG"

Vielleicht kommt dir die Situation bekannt vor: dein Pferd ist zwar physisch anwesend, nimmt dich jedoch überhaupt nicht wahr. Alles, was außen herum passiert, ist spannender oder aufregender als du.
Dein Pferd kann dich nicht anschauen, drängelt sogar in dich hinein oder möchte von dir weg. Du fühlst die Distanz zwischen euch, obwohl dein Pferd räumlich vielleicht nur einen Meter entfernt ist. Was du dir aber erträumst, ist genau das Gegenteil. Dein Pferd soll dich sehen, wahrnehmen, suchen und eins mit dir werden, egal ob es direkt neben dir oder sogar 10 Meter entfernt steht. Diesen Traum möchten wir dir gerne ermöglichen. Jean-François Pignon hat uns schon vor vielen Jahren erklärt, dass wir eigentlich überhaupt nichts mit unseren Pferden machen sollten, wenn wir keine echte Verbindung zu ihnen haben. Es geht hier nicht um das Seil als Verbindungsglied, sondern um eine echte mentale und emotionale Verbindung, die die Basis dafür schafft, dass das Pferd uns wirklich vertraut, sich mit uns verbindet und die Sicherheit findet, die es sucht. Erst dann kann echte Kommunikation auf Augenhöhe stattfinden.

Aus diesen Gründen haben wir von Jean-François Pignon eine Übung adaptiert, die ihm als Grundlage für Vertrauen, Verbindung und Aufmerksamkeit für seine fantastische Freiarbeit dient. Er nennt sie die „Bonjour-Übung", weil das Pferd den

Die Erfahrung, von Jean-François Pignon lernen zu dürfen, hat unser Leben und Lehren nachhaltig verändert.

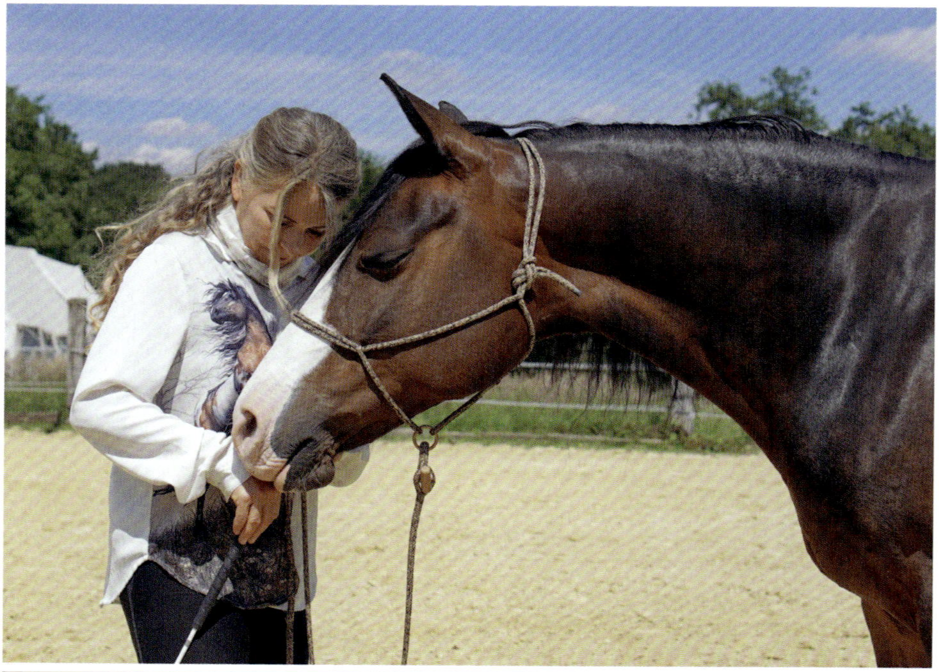

Eine echte und tiefe Verbindung mit seinem Pferd zu haben, ist die Grundvoraussetzung für Kommunikation auf Augenhöhe und Vertrauen.

Menschen sozusagen begrüßt, wenn es sich traut, eine Verbindung aufzunehmen. Wir nennen sie die „Jean-François-Übung“, weil wir sie von ihm gelernt haben.
Die Übung sieht leichter aus, als sie tatsächlich ist, weil sie eben nicht nur auf physischer, sondern vor allem auch auf mentaler Ebene stattfindet.

ZIEL

Dein Pferd wird sich selbst dazu entscheiden, sich dir zuzuwenden, sich zu öffnen und an dir zu riechen. Es wird dich wirklich wahrnehmen und die innere Verbindung mit dir suchen. Genieße und fühle diesen Moment solange er dauert.

Nur wenn dein Pferd sich freiwillig entscheidet, sich zu öffnen und an dir zu riechen, …

… wirst du eine echte Verbindung gewinnen. Wie bei diesem unsicheren Kursteilnehmer.

DURCHFÜHRUNG

Wenn es die Situation erlaubt, beginne aus einer Position schräg vor dem Pferd. Später wird diese Übung aus allen Positionen funktionieren, aber zum systematischen Üben ist diese die beste. Wir gehen zunächst einmal davon aus, dass dein Pferd nicht aufgeregt ist, es dich jedoch nicht wahrnimmt und anschauen kann.

Dies ist der Moment, in welchem du in einem großen Bogen auf seine Hinterhand zuläufst. Schalte deine Energie dabei ein und bewege dich langsam, offensichtlich und flüssig. Fühle dabei deine aufrechte, innere Stärke.

Dein eigentliches Ziel ist allerdings nicht, die Hinterhand weichen zu lassen.

Dein inneres Bild und dein Gefühl sollen sein, die Vorhand deines Pferdes mit deiner Schulter mitzuziehen. Es ist also keine schickende, sondern eine ziehende Übung. Trotzdem spielt die Hinterhand eine Rolle. Da wir keine echte Verbindung bekommen, wenn wir die Nase des Pferdes mit dem Seil zu uns ziehen, nutzen wir die Hinterhand, um das Pferd in Bewegung zu setzen.

Wenn du etwa auf Höhe der Mittelhand bist und merkst, dass dein Pferd sich nicht bewegt, schickst du die Hinterhand aktiv von dir weg, indem du ein Stöckchen oder das Seilende in Richtung Flanke schwingst und diese auch, falls nötig, touchierst.

Weicht die Hinterhand, nimmst du deinen Arm wieder herunter und läufst langsam weiter auf deinem Kreisbogen. Stelle dir dabei vor, wie du die Vorhand zu dir ziehst (aber nicht aktiv mit dem Seil, sondern nur mit deinem inneren Bild!). Dein Blickfokus bleibt in Richtung Hinterhand gerichtet, dein Gedankenfokus zieht die Vorhand.

Du läufst nun so lange weiter auf die Hinterhand zu bzw. von der Vorhand weg, bis dein Pferd mit seiner Vorhand tatsächlich einen Schritt in deine Richtung macht. Jetzt bleibst du sofort stehen, atmest aus und schaust

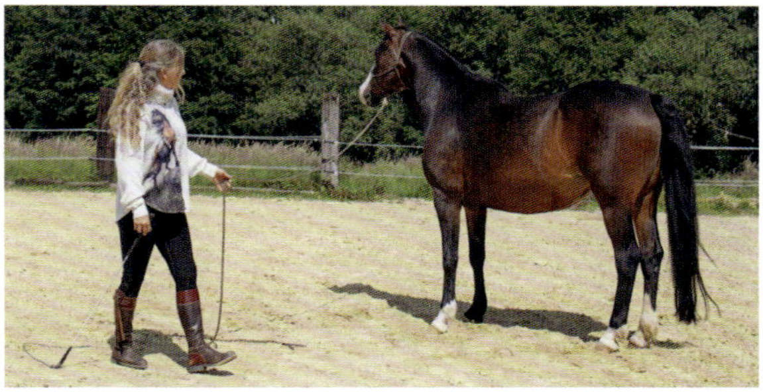

Dein Pferd ist abgelenkt, aber nicht zu aufgeregt.

Setze dich in einem großen Kreisbogen in Richtung Hinterhand in Bewegung.

Behalte die Hinterhand immer im Blick.

Auch wenn die Hinterhand zunächst weicht, ist das kein Problem. Es bedeutet nur, dass dein Pferd noch etwas angespannt ist.

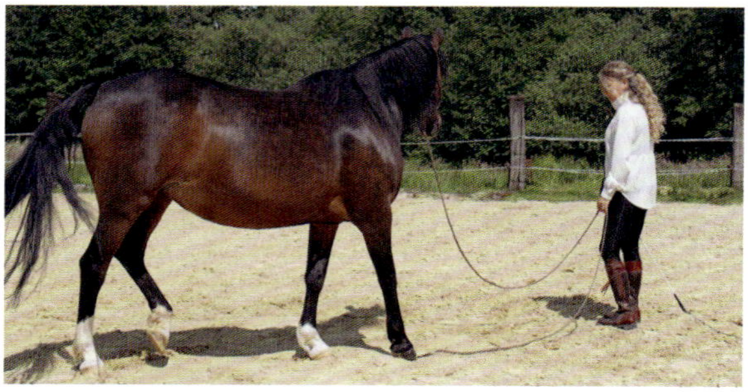

In dem Moment, wenn dein Pferd sich dir zuwendet, verharrst du in der Bewegung und entspannst dich.

Wenn dein Pferd wieder abgelenkt ist und in eine andere Richtung schaut, begibst du dich wieder auf deinen Weg von ihm weg, um es mit dir mitzuziehen.

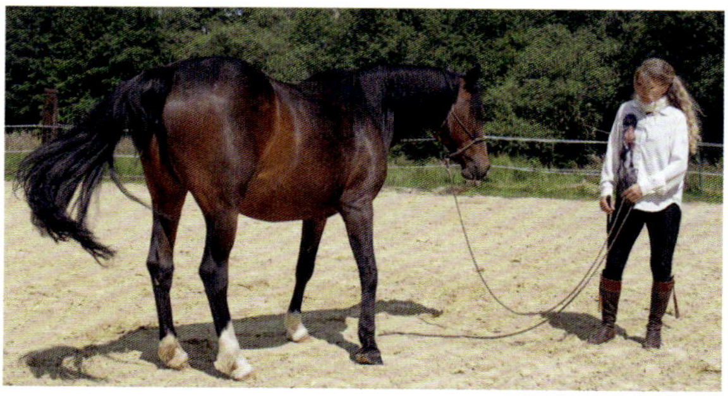

Bewege dich auf die von dir abgewandte Seite zu.

Wenn dein Pferd an dir riechen kann, hast du die Verbindung.

dein Pferd nicht direkt an. Bleibe einfach locker in der Position stehen, in welcher du dich gerade befindest, dann bist du automatisch von deinem Pferd weggewandt. Behalte im Hinterkopf, dass deine Kreisbewegung von Anfang bis Ende sehr flüssig bleiben sollte, möglichst ohne zwischendrin zu stoppen.

Spätestens wenn sich das Pferd wieder von dir wegorientiert, kannst du einen neuen Versuch starten. Du läufst immer auf die Seite zu, auf welcher der Kopf von dir weggewandt ist. Wenn es sich von dir aus nach links wendet, gehst du auf die von dir aus gesehen rechte Hinterhand zu und umgekehrt.

Da es sich u. a. um eine Sicherheitsübung handelt, versuche immer, gut vorbereitet zu sein. Dies gelingt dir am besten, wenn du den Teil des Seils, der mit dem Halfter verbunden ist, in eine deiner Hände nimmst, das Seilende und den Stick dagegen in die andere. Bist du Rechtshänder, nimm das Seil in die linke und den Rest in die rechte Hand. Bei Linkshändern empfiehlt es sich umgekehrt. Gehst du nun auf die rechte Seite deines Pferdes und deine Körpersprache reicht nicht aus, um das Pferd zu bewegen, so führst du die Hand mit dem Stick unter dem Seil durch und kannst diesen so ganz einfach einsetzen.

Du solltest auf keinen Fall versuchen, dein Pferd am Seil mit der Nase zu dir zu ziehen. Dadurch bekommst du zwar den Kopf, aber nicht die Aufmerksamkeit des Pferdes, ganz zu schweigen von der Verbindung. Und gerade Aufmerksamkeit, wie alle positiven Dinge, können wir nur geschenkt bekommen und nicht erzwingen. Dein Seil hängt also idealerweise locker durch. Achte darauf, dass du nicht zu schnell läufst. Es ist eine sehr ruhige Übung. Dein Ziel sollte es sein, dein Pferd mit in deine Ruhe zu ziehen. Gleichzeitig ist es eine sehr starke und präsente Übung. Diese Stärke ist eine Kraft, die aus deinem Inneren kommen muss. Es ist

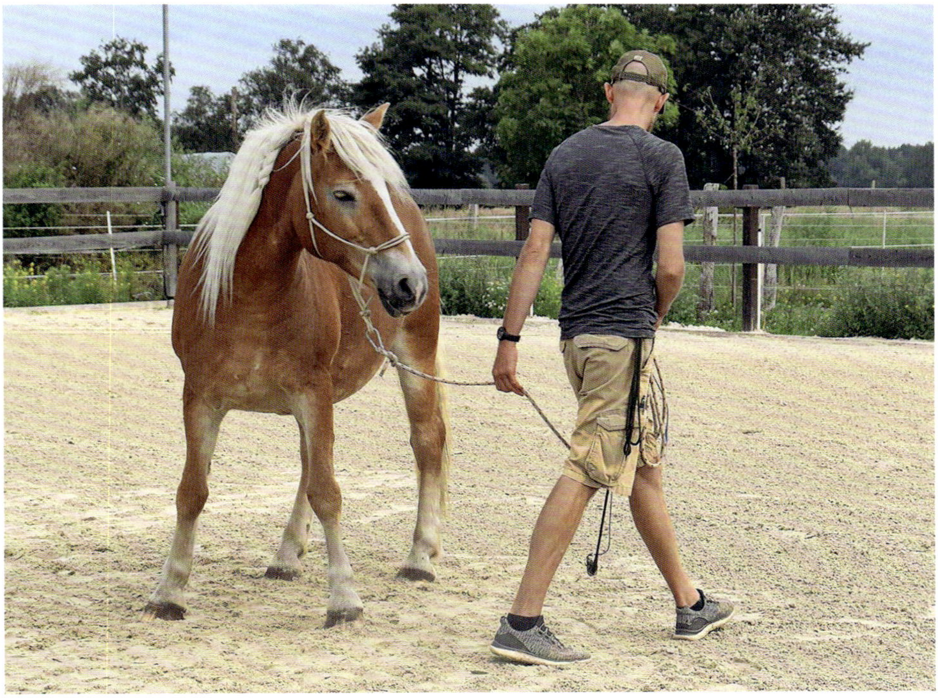

Hier sieht man sehr schön, wie Peer das Pferd gedanklich und nicht physisch mit sich zieht.

wichtig, dass du sie regelrecht spürst. Atme deshalb deutlich ein, sei selbstbewusst, sei dir sicher, dass du dein Pferd bewegen kannst, und behalte gleichzeitig diese ruhige, ziehende Energie. Das ist genau die Ruhe und Stärke, die dein Pferd sucht, und die ihm die Sicherheit gibt, der es sich freiwillig anschließen wird.

Je besser du die Übung verstehst und positiv umsetzen kannst, umso schneller wird sich dein Pferd dir anschließen. Irgendwann drehst du dich nur nach links und dein Pferd folgt, und du drehst dich nach rechts und dein Pferd folgt. Jeder kann jetzt von außen diese feine und gleichzeitig starke Verbindung erkennen und du wirst sie natürlich auch spüren. Es ist wie ein unsichtbares Band, das auf einmal für jeden sichtbar wird. Bald kannst du die Jean-François-Übung aus jeder Distanz und jedem Winkel einsetzen, und dein Pferd wird dein Angebot, sich dir anzuschließen, sehr gerne annehmen.

Du merkst vielleicht schon jetzt, wie wertvoll diese Übung ist. Deshalb nutze jede Chance, immer besser darin zu werden. So wirst du deinem Pferd die Sicherheit geben, die es sich wünscht.

Hier siehst du deutlich: Obwohl Jenny auf Amys rechte Seite geht, hat sie Seil und Stick nicht gewechselt, wodurch sie gut vorbereitet ist.

BEI MIR KLAPPT ES NICHT!

1. Mein Pferd weicht die ganze Zeit nur mit der Hinterhand und wendet sich mir nicht zu

Dies kann verschiedene Ursachen haben und du musst dich wirklich ganz genau beobachten, weil dein Pferd jeden feinen Unterschied in deiner Intention wahrnimmt und darauf reagiert. Stell dir folgende Fragen:

a) Konzentriere ich mich zu sehr darauf, die Hinterhand wegzuschicken, anstatt die Vorhand mit mir mitzuziehen?
b) Mache ich Dauerdruck in Richtung Hinterhand mit dem Stick oder Seilende, weil ich nicht damit aufgehört habe, als die Hinterhand sich bewegt hat?
c) Ist der Bogen, auf welchem ich laufe, vielleicht so groß, dass wir uns gegenseitig hinterherlaufen?
d) Bewege dich nicht zu direkt auf die Hinterhand zu

2. Ich bin zu schnell bei der Hinterhand und komme gar nicht zum Laufen

Wahrscheinlich gehst du zu gerade, direkt und schnell zur Hinterhand. Konzentriere dich wirklich darauf, dich auf einer großen Kreislinie auf die Hinterhand zuzubewegen, und behalte vom ersten Schritt an das Bild im Kopf, dass du dein Pferd mit dir mitziehen möchtest.

3. Wenn ich die Übung auf der anderen Seite versuche, weicht mein Pferd mit der Vorhand von mir weg

Das ist keine Übung, welche du abwechselnd auf beiden Seiten ausführst. Bei dieser Übung wirst du immer nur auf dein Pferd reagieren. Da es um das Mitziehen der Vorhand geht, gehst du immer auf der Seite los, auf der du schon stehst. Schaut das Pferd nach rechts, gehst du also nach links und umgekehrt. Es geht hier nicht um „korrekte“ Bewegungen des Pferdes, sondern um deine „sinnvolle“ Reaktion auf sein Handeln.

Bei zu viel Druck auf die Hinterhand wird das Pferd entweder mit dieser zur Seite oder insgesamt nach vorne ausweichen. Das ist nicht zielführend.

KOMMUNIKATION ERARBEITEN
— *die Grundübungen*

DU BIST GEMEINT – DU BIST NICHT GEMEINT

Es gibt eigentlich nur zwei Probleme zwischen Pferd und Mensch: Entweder die Pferde tun etwas, was wir nicht wollen, oder wir wollen etwas, was sie nicht tun. Ist man gut darin, den Pferden klar zu kommunizieren, wann man etwas will und wann nicht, also wann sie auf das, was wir tun, reagieren sollten und wann sie es ignorieren können, lösen sich viele Missverständnisse in Luft auf.
Die meisten Menschen sind unklar, wann sich ihr Pferd bewegen und wann es einfach entspannt stehen bleiben soll, während sie sich um das Pferd bewegen oder verschiedene Handlungen wie Putzen, Satteln, Hufe machen, medizinische Versorgung, etc. ausüben. In der Regel scheitert es an einem unklaren Bild des Menschen, an der passenden Energie und am sinnvollen Timing. Da du nicht kommunizieren kannst und dein Pferd jede deiner Handlungen wahrnimmt und darauf reagiert, möchten wir dir erklären, wie du in Zukunft bewusst und für dein Pferd verständlich handeln kannst.

ZIEL

Du kannst eindeutig entscheiden, ob du dein Pferd bewegen möchtest, oder ob es einfach entspannt stehen bleiben kann, während du dich neben ihm bewegst, und zwar aus jeder Situation heraus.

Dass Pferde verstehen, wann sie gemeint sind und wann nicht, ist eine der wichtigsten Grundvokabeln im Pferd-Mensch-ABC.

DURCHFÜHRUNG

Der Einfachheit halber starten wir die Übung wieder, indem wir die Hinterhand nutzen. Du hast hierdurch die Chance zu fühlen, wie du im Vergleich zur Jean-François-Übung ganz anderen Einfluss auf die Hinterhand nehmen kannst, nur durch ein anderes Bild und eine andere Energie. Stelle dich auf ca. einen Meter Abstand neben die Schulter deines Pferdes. Für die Erklärung nutzen wir zunächst die linke Seite des Pferdes. Atme aus, schaue dein Pferd nicht direkt an, sei locker und entspannt. Nimm nun deinen Stick, der in deiner äußeren Hand liegt und streichle damit dein Pferd an der Hinterhand. Bleibt es einfach stehen, hat es deine Frage, „Kann ich mich auf Schulterhöhe neben dich stellen und dich mit dem Stick an der Hinterhand streicheln?", unmittelbar mit „Ja, kein Problem!" beantwortet und du kannst den Stick direkt wieder wegnehmen.

Hat dein Pferd aber das Gefühl, dass es sich mit der Hinterhand von dir wegbewegen sollte, so setzt du dich gleichzeitig mit deinem Pferd in Bewegung, bleibst in deiner Position auf Schulterhöhe und streichelst es einfach weiter. Nimm dabei das Seil so kurz, dass dein Pferd sich lediglich auf einem kleinen Kreis bewegen kann. So hat es noch die Möglichkeit, zu weichen, ohne dass du es festhalten musst, der kleine Radius schränkt die Bewegungsfreiheit jedoch genug ein, dass du mit dem Streicheln bequem aus deiner Position neben der Schulter weitermachen kannst und das Wegbewegen bald anstrengend für dein Pferd wird. So wird es nicht lange dauern, bis es sich nach einer anderen Lösung umsieht. Irgendwann wird es dir die Frage stellen: „Und was ist, wenn ich stehen bleibe?" „Dann höre ich sofort auf und ziehe mich und den Stick zurück!", lautet dann deine prompte Antwort.
Wenn dein Pferd eher unsicher ist, und häufiger die Entscheidung trifft, sich lieber zu

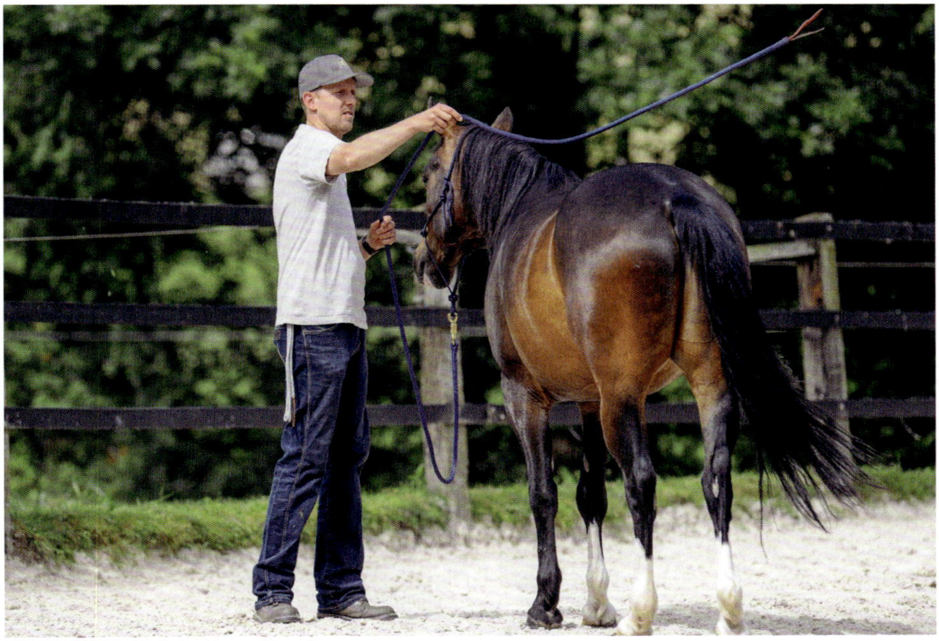

Das Seil macht in beiden Abbildungen etwas, doch Peers Körpersprache macht klar: Hier sollst du reagieren, hier kannst du es ignorieren.

DU BIST GEMEINT – DU BIST NICHT GEMEINT

01 Auf dem linken Foto antwortet Amy mit „Ja", ...

02 ... auf dem rechten Foto mit „Nein"!

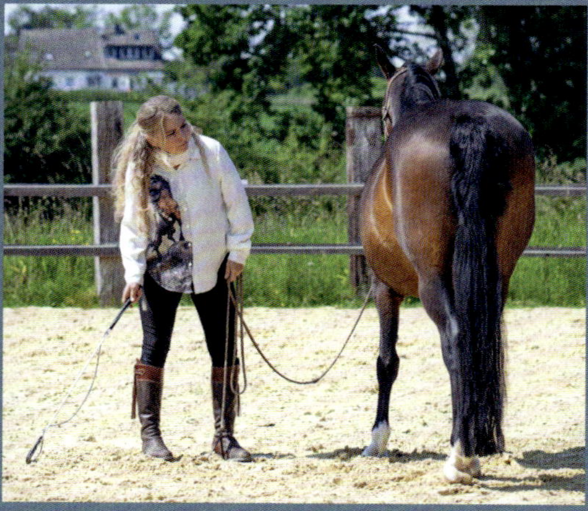

03 Fange immer freundlich an, stell deine Frage aber in jedem Fall zu Ende.

04 Hebe den Strick an und bewege ihn rhythmisch zur Hinterhand.

05 Beginne dein Pferd leicht zu touchieren, wenn es noch steht.

06 Nimm den Druck heraus, wenn dein Pferd den Schritt macht.

entziehen als sich zu entspannen, solltest du das Streicheln der Hinterhand so oft wiederholen, bis es versteht, dass deine Intention einfach nur in der Entspannung und im Stehenbleiben liegt. Dann kannst du erstmal eine Pause machen.
Der große Vorteil an dieser Übung ist, dass du das Streicheln als sehr effektives Kommunikationsmittel beim Desensibilisieren allgemein nutzen kannst. Das heißt, du kannst es ab jetzt auf jede Situation übertragen, in welcher sich dein Pferd bewegt, obwohl es eigentlich stehen bleiben könnte. Also egal wo du dein Pferd mit der Hand oder einem Gegenstand berührst und es weicht aus, obwohl du eigentlich wolltest, dass es sich nicht bewegt, streichelst du es genau dort, wo du seine Reaktion ungewollt ausgelöst hast, bis es wieder stehen bleibt, und hörst dann sofort auf. Auch für ungewollte Reaktionen auf Geräusche und Bewegungen (z. B. eine Plastiktüte, eine Schermaschine usw.) ist dieses Prinzip das Mittel der Wahl. Entscheidend dabei ist, dass du dir klarmachst, dass die Botschaft an das Pferd hier nicht lautet: „Du sollst stehen bleiben und darfst dich nicht bewegen", sondern „Du kannst stehen bleiben und brauchst dich nicht zu bewegen."
Im nächsten Schritt grenzt du das „Ich will nichts von dir" vom „Ich will etwas von dir" ab. Also tust du jetzt bewusst das Gegenteil. Stelle dich wieder auf ca. einen Meter Abstand auf Schulterhöhe neben dein Pferd. Checke kurz ab, ob du es noch immer mit dem Stick streicheln kannst, ohne dass es reagiert. Wenn das kein Problem ist, nimmst du den Stick wieder weg und stellst ihn in deiner lockeren Hand schräg hinter dich, sodass er keinen Einfluss auf dein Pferd hat. Atme nun ein, schaue direkt auf die Hinterhand deines Pferdes, während du dich gleichzeitig nach vorne beugst, und stelle dir vor, wie es mit der Hinterhand einen Schritt von dir weicht. Sollte dein Pferd hierauf noch nicht reagieren, hebe den Stick an, mache rhythmische, kreisende Bewegungen in Richtung Hinterhand und touchiere sie gegebenenfalls im nächsten Schritt. Sobald die Hinterhand weicht, hörst du auf und schaltest dich aus. Schaue, dass die Steigerung deiner Energie flüssig ist, also von einer Bewegung in die nächste übergeht, ohne dass du zwischendrin stoppst. Es kann nun passieren, dass dein Pferd sich trotz deines Ausschaltens weiterbewegt.
In diesem Fall bist du direkt wieder beim ersten Teil der Übung: Du streichelst (mit ausgeschalteter Energie und während du in der Position neben der Schulter bleibst) die Kruppe so lange mit dem Stick weiter, bis dein Pferd stehen bleibt. Erst dann ziehst du dich zurück.
Mit etwas Übung kann dein Pferd bald durch dein Ein- und Ausschalten unterscheiden, wann du es bewegen möchtest oder nicht, bzw. womit es gemeint ist und womit nicht. Du wirst automatisch entsprechend reagieren, falls es dich missversteht. Darüber hinaus kannst du langsam beginnen, bei unterschiedlichsten Aufgaben mehrere Schritte zu erfragen, und dennoch dein Pferd jederzeit anhalten können.

BEI MIR KLAPPT ES NICHT!

1. Jedes Mal, wenn ich nur zur Schulter gehen will, bewegt sich mein Pferd schon von mir weg und verhindert, dass ich mich in die gewünschte Position bewege

Wenn du dich zu deiner Position begibst, darfst du wirklich nur die Intention haben, dich neben die Schulter zu stellen. Denkst du schon daran, die Hinterhand gleich wegzuschicken, oder auch nur, dass dein Pferd

Manche Pferde lassen Menschen nicht so gerne auf ihre andere, häufig die rechte Seite.

Eine Lösung wäre z. B., den Kopf des Pferdes sanft auf die andere Seite zu fragen.

doch jetzt stehen bleiben soll, wird deine Körpersprache diese fordernde Energie ausstrahlen. Stelle dir z. B. bewusst vor, dass du etwas auf dem Boden suchst, was nichts mit deinem Pferd zu tun hat. Versuche weiterhin, an die Schulter zu kommen, streichele mit dem Stick und bleibe dort, bis das Pferd anhält. In diesem Moment kannst du deine Position sofort verlassen und dich wieder vor dein Pferd stellen. Du erklärst ihm auf diese Art, dass es dich in die von ihm gewünschte Position bringen kann, aber nicht indem es flüchtet, sondern indem es dir zuhört. Das ist ein unglaublich wichtiger Schritt in eurer Beziehung, denn dein Pferd merkt dadurch immer mehr, wie du beginnst, verständlich mit ihm zu sprechen, und dass es gleichzeitig Einfluss auf dein Verhalten hat.

2. Ich kann die Übung nur auf einer Seite durchführen

Dein Pferd dreht sich einfach vor dir weg und verhindert ganz bewusst, dass du auf die andere Seite kommst? Das liegt oft daran, dass man vieles von der linken Seite aus macht (Führen, Satteln, Aufsteigen, etc.). Aber auch Pferde sind wie Menschen händig, haben also eine gute und eine nicht so gute Seite. Tatsächlich mögen es die meisten Pferde weniger, wenn sich Menschen auf ihre rechte Seite begeben. Es wird vermutet, dass es an der unterschiedlichen Wahrnehmung ihrer Augen liegt.
Die Lösung ist wieder ähnlich. Hab Geduld, laufe weiter, bis es dich auf die andere Seite lässt. Zusätzlich kannst du deine Hand nutzen, um dich um seinen Kopf herum zu manövrieren.
Klappt das und dein Pferd akzeptiert dich dort, gehe wieder auf seine Lieblingsseite, damit es lernt, dass nichts Schlimmes passiert und es wiederum positiven Einfluss auf deine Handlung hat.

3. Mein Pferd bleibt nicht stehen, wenn ich es streichle und nichts will

Prüfe auch hier wieder deine Körperhaltung, deinen Blick, dein inneres Bild und deine Energie. Bist du zu sehr in Richtung Pferd ausgerichtet und schaust es auch noch an, sendest du von dir aus schon so

Wenn du es auf die andere Seite geschafft hast, entspanne dich.

viel Druck, dass es keine andere Möglichkeit sieht, als diesem zu weichen. Hältst du vielleicht sogar den Atem an und bist zu präsent, ist dies ebenfalls zu viel Druck. Atme also deutlich aus, wende deinen Körper und deinen Blick vom Pferd weg und streichle es einfach weiter. Es muss dir einfach egal sein, ob dein Pferd weiter weicht. Irgendwann wird es stehen bleiben und dann ist natürlich dein perfektes Timing gefragt, und du bestärkst die Idee deines Pferdes. Wenn dein Pferd zu viel Bewegungsfreiheit hat, kann das auch zur Folge haben, dass es länger dauert. Versuche in diesem Fall langsam das Seil zu verkürzen und den Kreis zu verkleinern. Du solltest es nicht aktiv stoppen. Im besten Fall kommt das Pferd immer selbst auf die Lösung und lernt so nachhaltiger.

4. Mein Pferd dreht sich einfach von mir weg und ich stehe am Ende wieder vor ihm

In diesem Fall hast du versäumt, wirklich darauf zu achten, in deiner Position neben der Schulter deines Pferdes zu bleiben. Genau dies ist aber entscheidend für die Übung, da dein Pferd lernen soll, dass es dich nicht durch Entziehen einfach umpositionieren kann. Versuche also, dich in der

Mit viel Übung wird der Unterschied zwischen Ein- und Ausschalten, so wie hier beim Rückwärts, sehr subtil sein. Zum Lernen und Lehren ist es aber besser, du übertreibst ihn ein wenig, damit keine Missverständnisse entstehen!

Wenn du deine Frage nicht wirklich ernst meinst, wird dein Pferd dir nicht glauben.

gesamten Zeit, in der sich dein Pferd bewegt, mitzubewegen, bis es letztendlich stehen bleibt. Erst dann bleibst auch du stehen und hörst auf, zu streicheln.

5. Mein Pferd weicht nicht mit der Hinterhand, sondern geht rückwärts

Dies passiert in der Regel, wenn du bei Beginn der Frage zu weit vor der Schulter stehst. Die Energie kommt dann von zu weit vorne und dein Pferd gibt dir natürlicherweise die korrekte Antwort. Die richtige Position ist häufig sehr entscheidend darüber, von wo deine Energie kommt und wohin du sie sendest. Schaue deshalb immer sehr genau auf die Reaktion deines Pferdes und justiere hiernach deine Position sehr genau aus. So kann es im anderen Extrem auch dazu kommen, dass dein Pferd einfach nach vorne geht, wenn du zu weit hinten stehst.

6. Mein Pferd bewegt sich gar nicht, wenn ich die Hinterhand weichen lassen möcht

Bist du dir sicher, dass du dich traust, deine Frage auch wirklich zu Ende zu stellen, und dass dein Timing passt? Auch wenn du den Stick mit überzeugender Energie einsetzt, weil dein Pferd auf die freundliche Frage noch nicht reagiert hat, wird es dir dies nicht übel nehmen, denn das sagt ihm nur, dass du es wirklich ernst, aber nicht böse meinst. Hörst du mit der Frage auf, obwohl sich dein Pferd noch nicht bewegt hat, desensibilisierst du es auf deine bisherige Handlung und das macht dich unglaubwürdig – beim nächsten Versuch wird es noch weniger gut weichen. Traue dich, ruhig und selbstbewusst, so lange dranzubleiben, bis dein Pferd dir die richtige Antwort gibt. Du wirst schnell merken, dass du binnen weniger Wiederholungen sehr viel weniger Druck machen musst.

DIE CHECKLISTE

Um Kommunikation, Verständnis und Aufgaben für dich und dein Pferd einfacher zu machen, möchten wir dich mit noch einem ganz wichtigen Hilfsmittel bekannt machen, unserer sogenannten Checkliste. Sie hilft dir, die Grenzen deines Pferdes genauer zu erkennen und damit auf positive Weise umzugehen. Sie ist von unschätzbarem Wert sowohl für alle Desensibilisierungs-Themen, als auch für kleine und große Aufgaben sowie Großprojekte.
Die Checkliste ist im Grunde ein Fragenkatalog, ein Fahrplan, der dich im optimalen Tempo von da, wo du bist, dahin bringt, wo du hin möchtest. Für uns ist sie der perfekte Pferdeübersetzer, denn du kannst bewusst Fragen an dein Pferd stellen und du kannst die Antworten deines Pferdes auf einmal ganz leicht verstehen.
Beim Desensibilisieren lauten die Fragen auf der Liste in etwa: „Darf ich…?“ oder „Ist es in Ordnung, wenn ich…?“. Für Aufgaben nutzt du Variationen der Frage: „Könntest du …?“ Die Antworten deines Pferdes lauten dann „Ja“ oder „Nein“
Ein „Ja“ beim Desensibilisieren ist etwa das Stehenbleiben oder allgemeiner gesagt: das Ignorieren von Reizen. Bei Aufgaben hat es meist etwas mit Weichen oder Bewegen zu tun. Die „Neins“ reichen beim Desensibilisieren von Entziehen über Weichen bis hin zu Flucht oder Angriff (Beißen, Schubsen, Treten etc.). Bei Aufgaben können sie sich als Stehenbleiben, Gegen-den-Druck-Gehen oder auch durch Ausweichmanöver zeigen.

Ein kleines Beispiel eurer Unterhaltung wäre z. B.:
„Darf ich zu dir auf den Paddock kommen?“ – „Ja.“
„Darf ich mich an deine Seite stellen?“ – „Ja.“
„Kannst du am Halfter riechen?“ – „Ja.“
„Darf ich dich mit dem Halfter streicheln?“ – „Nein.“ (Dein Pferd nimmt den Kopf zur Seite oder geht sogar weg.)
Usw.

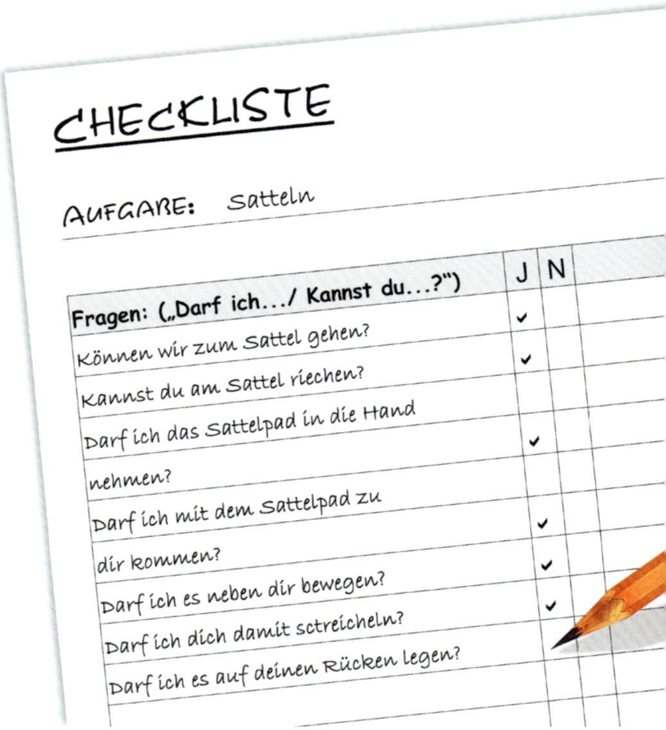

CHECKLISTE

AUFGABE: Satteln

Fragen: („Darf ich…/ Kannst du…?“)	J	N
Können wir zum Sattel gehen?	✓	
Kannst du am Sattel riechen?	✓	
Darf ich das Sattelpad in die Hand nehmen?	✓	
Darf ich mit dem Sattelpad zu dir kommen?	✓	
Darf ich es neben dir bewegen?	✓	
Darf ich dich damit sctreicheln?	✓	
Darf ich es auf deinen Rücken legen?		

Mit der so bürokratisch anmutenden Checkliste erfragst du dir den Weg zum Herzen der Pferde.

Fragst du dein Pferd, ob du es von der Wiese holen darfst?

WAS TUN, WENN DAS PFERD „NEIN" SAGT?

Zunächst einmal ist es wichtig zu wissen, welche zwei Strategien nicht sinnvoll sind:

1. Einfach darüber hinweggehen und
2. sofort aufhören mit dem, was du gerade tust.

Leider sind das die Ideen, die man als Mensch automatisch am häufigsten hat. Sie haben aber große Nachteile. Wenn du einfach über das „Nein" hinweggehst, wird dein Pferd immer unsicherer werden und erkennen, dass du seine Probleme ignorierst oder nicht erkennst. Wenn du aufhörst, das zu tun, was das „Nein" ausgelöst hat, kannst du deinem Pferd nicht dabei helfen, sein Problem zu lösen, und es wird sich beim nächsten Mal wieder schlecht fühlen.
Die Lösung liegt mal wieder in der Mitte: Du gehst nicht über die Grenze, hörst aber auch nicht auf. Du bleibst also an der Stelle dran, wo das „Nein" auftritt, bis dein Pferd sich umentscheidet und fragt, „Was ist, wenn ich stehen bleibe?" oder, bei einer Aufgabe: „Was ist, wenn ich weiche?", woraufhin du natürlich sofort aufhörst und dieses erste zarte „Ja" bestätigst. Danach beginnt die Checkliste von vorn, bis du immer weiterkommst in deinem Fragenkatalog.

VERSCHIEDENE ARTEN DES „NEIN"

Wir unterscheiden drei Arten von „Neins":

1. Kann ich nicht!
2. Weiß ich nicht!
3. Will ich nicht!

„KANN ICH NICHT!"

bedeutet, dass dein Pferd physisch oder psychisch nicht in Lage ist, deine Frage positiv zu beantworten. So können entweder Schmerzen ursächlich sein, oder es kann die Aufgabe körperlich (noch) gar nicht bewältigen. Doch auch besonders Unsicherheit und Aufregung führen zu dieser Art von Nein.

„WEISS ICH NICHT!"

bedeutet, dass ihr ein Kommunikationsproblem habt. Dein Pferd versteht schlichtweg nicht, was du von ihm möchtest. Bei diesem Problem wird dir für die Zukunft unser Buch sehr gut weiterhelfen.

„WILL ICH NICHT!"

heißt, das Pferd glaubt dir nicht und zweifelt an deiner Kompetenz. Daher sieht es wenig Sinn darin, auf dich zu hören. Willst du diese Art von „Nein" in ein „Ja" verwandeln, musst du an deinen Führungsfähigkeiten arbeiten und dir den Respekt deines Pferdes verdienen, damit seine Antwort demnächst lautet: „Das mache ich gerne mit dir!" Übrigens: Bei diesem Nein denken die meisten Menschen fälschlicherweise, das Pferd sei schuld.

UNTER- UND ÜBERFORDERUNG VERMEIDEN

Ohne das Verständnis der Checkliste wirst du die „Neins" deines Pferdes wahrscheinlich nicht früh genug erkennen und einfach darüber hinweggehen. In diesem Fall machst du zu schnell zu große Schritte und überforderst es. Am anderen Ende der Skala lauert die Gefahr, zu vorsichtig an Aufgaben heranzugehen und ein Pferd somit zu langweilen. Es verliert dann die Lust an der Zusammenarbeit und erkennt deine etwaige Unsicherheit.
Die Checkliste fungiert also je nachdem als Beschleuniger oder als Bremse, weil sie dir hilft, Grenzen unmittelbar zu berücksichtigen, zu überwinden und andererseits die „freie Bahn" zu erkennen und zu nutzen.

In der Regel stecken Unsicherheit und Unverständnis hinter Widersetzlichkeit.

DESENSIBILISIERUNG MIT GEGENSTÄNDEN

Das Prinzip „Du bist nicht gemeint" stellt in Verbindung mit der Checkliste ein Dreamteam dar, mit dem du ganz gezielt Pferde an Dinge, Geräusche, Berührungen gewöhnen kannst, mit denen sie sich unsicher fühlen. Die zentrale Rolle von Fokus, Energie und perfektem Timing hierbei kennst du ja bereits. Du wirst dich freuen, wie sehr dir die Checkliste dabei helfen wird, diese Qualitäten noch zu verfeinern. Selbst wenn solche Situationen unerwartet auftreten (man hebt etwa den Arm zum Winken und das Pferd zuckt mit dem Kopf), ist es ratsam, sofort entsprechend zu reagieren, um diese Reaktionen des Pferdes gar nicht erst zu verstärken. Du winkst in diesem Fall einfach weiter, bis dein Pferd merkt, dass es mit deiner Bewegung nicht gemeint war. Wir erachten Desensibilisierung als ein sehr wichtiges Thema, weil du so sehr viel schneller die Möglichkeit hast, zu erkennen, ob dein Pferd an Schmerzen leidet oder „nur" Sorge vor dem Gegenstand oder der Berührung hat. Man kann Pferde nämlich nicht auf etwas desensibilisieren, was ihnen Schmerzen bereitet!

Beim Desensibilisieren geht es nicht nur um unangenehme Reize, es kann auch Spaß machen.

Für die Gewöhnung an Gegenstände, Berührungen, Bewegungen und Geräusche finden sich in jeder Phase der Pferdeausbildung viele Gelegenheiten und Notwendigkeiten.

ZIEL

Du kannst dein Pferd mit deinen Händen und unterschiedlichen Gegenständen berühren und dich dabei um dein Pferd bewegen, ohne dass es (aus-)weicht. Hierdurch hast du die Möglichkeit, deinem Pferd Ängste zu nehmen und es mutiger zu machen.

DURCHFÜHRUNG

Zur besseren Erklärung nutzen wir am besten ein konkretes Praxis-Beispiel, welches du auf alle möglichen Gegenstände und Situationen übertragen kannst. Weil viele Pferde unter lästigen Insekten leiden, aber gleichzeitig Sprühflaschen gegenüber eher skeptisch sind, ist dieses Szenario ein nützliches Beispiel.
Nimm dir eine Sprühflasche, die am besten mit Wasser gefüllt ist (das ist zum Üben etwas billiger, als echtes Fliegenspray), und gehe neutral zu deinem Pferd, also ohne es direkt anzuschauen oder ihm direkt zugewandt zu sein. Präsentiere ihm die Sprühflasche, mit dem Ziel, dass es daran riechen kann.
Manch einer mag gar nicht erst so weit kommen, dann beginnt die Checkliste schon ein paar Schritte vorher („Darf ich mich dir mit einer Sprühflasche auf X Meter nähern?" usw.). Versuche genau herauszufinden, wann dein Pferd beginnt, die ersten Anzeichen eines „Neins" zu sagen. Verweile dort, also bleibe da stehen, wo die Reaktion des Pferdes ausgelöst wurde, und halte auch die Flasche in derselben Position. Wenn dein Pferd weggeht, hast du wahrscheinlich schon zu schnell zu viel gewollt. In diesem Fall solltest du deine Handlung aber trotzdem fortsetzen und so lange mitlaufen, bis dein Pferd stehen bleibt.
Sollte dein Pferd z. B. den Kopf wegdrehen, wäre dies schon ein erstes „Nein". Warte auf eine positive Veränderung bei deinem Pferd. Kann es z. B. aufhören, zu weichen,

oder den Kopf wieder zu dir drehen? Dann nimm die Flasche wieder weg, drehe dich um und gehe ein paar Schritte vom Pferd weg. Auf diese Weise lernt dein Pferd, dass es Einfluss auf dein Verhalten und sogar auf den gefährlichen Gegenstand hat. Es kann mit seinem Verhalten selbst bestimmen, wann du dich wieder zurückziehst. Mache deswegen auch nichts heimlich, sondern beziehe dein Pferd von Anfang an in die Aufgabe mit ein. Ab jetzt wendest du das Konzept Annäherung und Rückzug an. Dabei hast du bei jedem Schritt die Fragen deiner eigenen Checkliste (wieder von vorne) im Kopf. Also: „Kann ich zu dir hingehen mit der Flasche?", „Kannst du dich der Flasche zuwenden?", „Kannst du an ihr riechen?".

Bei jedem „Nein" gehst du nicht weiter, sondern wartest und setzt genau die Handlung fort, die das Verhalten deines Pferdes ausgelöst hat, bis es zu einem „Ja" wird, und ziehst dich wieder zurück, um von Neuem eine Annäherung zu starten.

Gib deinem Pferd die Zeit, die es braucht, um den Gegenstand mit seinem „Ja" freizugeben. Nach und nach kannst du dich so immer weiter nach hinten arbeiten, mit dem Ziel, dein Pferd am ganzen Körper mit der Flasche streicheln zu können. Wenn das funktioniert, schenke ihm einen größeren Rückzug und laufe mit ihm ein wenig herum. Das solltest du immer tun, nachdem ihr einen großen Fortschritt verbuchen könnt. Danach beginnst du deine Fragen erneut. Mit zunehmender Routine wirst du immer schneller vorankommen, weil dein Pferd erkennt, dass du seine Grenzen respektierst und ihm aus seinen Problemen heraushilfst.

In einem nächsten großen Abschnitt bringst du ein Geräusch mit in die Aufgabe. Streichle dein Pferd weiter mit der Flasche und simuliere dazu mit deinem Mund das Sprühgeräusch. Achte weiter auf Grenzen und vergiss den Rückzug nicht, wenn sich eine Grenze aufgelöst hat. So fährst du fort, bis du wirklich sprühen kannst. Aber nicht zum Pferd hin, sondern von ihm weg. Simuliere dabei ruhig zusätzlich noch mit dem Mund das Geräusch. Sollte dein Pferd sich in Bewegung setzen, lass es wieder auf einem kleinen Kreis laufen, sprühe einfach weiter von ihm weg und laufe mit ihm mit, bis es stehen bleibt, ohne deine Position zu verlassen. Dann hörst du sofort wieder auf. Löst das Sprühen auch keine nennenswerte Reaktion mehr aus, sprühst du abwechselnd einmal von ihm weg, und einmal in seine Richtung. So kannst du den Schwierigkeitsgrad langsam steigern, bis das Einsprühen kein Problem mehr darstellt.

Ein Pferd-Mensch-Paar ist uns hierbei sehr gut in Erinnerung geblieben. Seit Jahren konnte das Pferd nicht eingesprüht werden, obwohl es große Probleme mit Fliegen und Stechmücken hatte. Auf dem Kurs haben wir das Prinzip erklärt und schon nach 10 Minuten ließ sich das Pferd von uns am ganzen Körper einsprühen. Die Kursteilnehmerin war überwältigt und hoch motiviert. Sie hatte sehr gut aufgepasst und konnte das Prinzip auch sehr schnell selbst anwenden. Nach kurzer Zeit rief sie begeistert: „Einsprühen ist kein Problem mehr! Danke für diese großartige Hilfe! Schade, dass wir dieses Problem so lange mit uns herum geschleppt haben. Was hätte es uns für Zeit und Stress erspart, wenn wir es schon viel eher kennengelernt hätten!"

Wir möchten dir wirklich ans Herz legen, die Probleme, die dein Pferd mit Gegenständen, Bewegungen, Geräuschen etc. hat, nicht zu ignorieren, sondern dich sofort darum zu kümmern. Das wird euch beiden viele Probleme ersparen und eure Beziehung weiter stärken. So werden aus Problemen Herausforderungen!

DESENSIBILISIERUNG MIT GEGENSTÄNDEN

„Kannst du an der Flasche riechen?" – „Ja!"

Wenn dein Pferd vor der Flasche weicht, bleibe in deiner Position, bis es wieder stehen bleibt.

04 Sobald dein Pferd stehen bleibt, ziehst du dich wieder zurück.

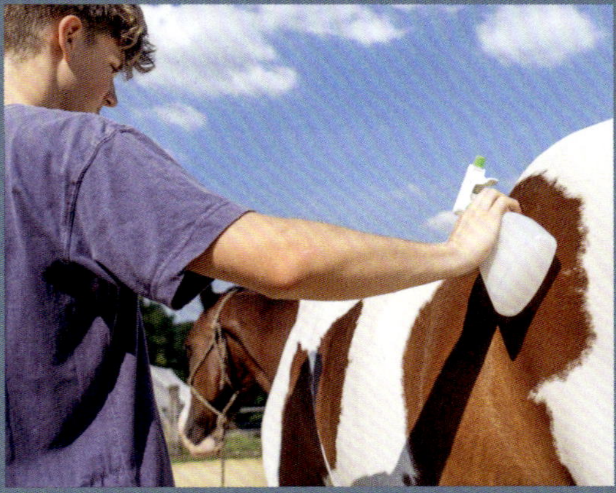

Mit der Zeit kannst du dich immer weiter nach hinten streicheln.

Sprühe zunächst von deinem Pferd weg.

Ziemlich schnell wird das Einsprühen kein Problem mehr sein. Was für eine Erleichterung.

VERANTWORTUNG ÜBERTRAGEN — *an dein Pferd*

DAS ZIRKELSPIELPRINZIP

Eines der lohnenswertesten Unterfangen zwischen Pferd und Mensch, das beiden Seiten enorm viel Ärger und Stress ersparen kann, ist, den Pferden Eigenverantwortung zu übertragen. Die klassische Übung dazu ist das Zirkelspiel, das so aussieht wie longieren, bei dem allerdings ganz andere Mechanismen am Werke sind. Dazu kommt, dass der Zirkel eher zufällig die Übung bestimmt. Nämlich nur, weil er durch den Menschen in der Mitte und das Seil bestimmt wird.

In Wahrheit kommt es auf ihn nicht an, sondern auf die grundlegende Idee hinter der Übung – also auf das Zirkelspiel*prinzip*. Das lässt sich auf alle möglichen Situationen übertragen – egal ob im Kreis, geradeaus oder im Stehen, am Boden wie im Sattel.

ZIEL

Dein Pferd soll lernen, die jeweilige Gangart so lange selbstständig beizubehalten, bis du eine andere Aufgabe stellst oder die Aufgabe beendest. Du musst lernen, diese Verantwortung vollständig an das Pferd abzugeben und nicht mehr zu treiben.

Hieraus ergeben sich wundervolle Möglichkeiten der gemeinsamen Kommunikation, denn durch das Erlernen dieser Prinzipien werdet ihr gegenseitig Einfluss aufeinander nehmen, euch Fragen stellen und Antworten geben. Wahrscheinlich wird es für dich wieder sehr viel schwieriger sein, das Zirkelspielprinzip zu verinnerlichen, als für dein Pferd. Du musst nämlich nicht nur Verantwortung abgeben, sondern auch eine ganz neue Energie lernen: das Neutral.

Beim Zirkelspielprinzip läuft das Pferd selbstständig, ohne vom Menschen getrieben zu werden.

DAS NEUTRAL

Über die Neutralenergie haben wir dich schon in einem der früheren Kapitel gebrieft. Sie sagt deinem Pferd, dass es seine Ruhe hat, wenn es seine Aufgabe selbstständig weitermacht.
Ganz konkret bedeutet neutral, dass du weder weitere Energie hinzufügst, noch die Energie vollständig ausschaltest. Wie du gleich sehen wirst, funktioniert das natürlich nur im Wechsel mit den anderen beiden Energien, dem Einschalten und dem Ausschalten.

Beim Neutral geht es vor allem um die innere Einstellung.

Solche Hilfsmittel sind Gold wert, damit du lernst, dich weniger zu bewegen bzw. bewegen zu lassen.

DURCHFÜHRUNG

Suche dir einen fixen Punkt auf dem Reitplatz. Am einfachsten legst du dir einen Eimerdeckel o. Ä. auf den Boden und stellst dich drauf.
Positioniere jetzt dein Pferd so vor dich, dass es mit einem Abstand von ca. 1,5 Metern gerade zu dir ausgerichtet ist (dich anschaut). Dann stehst du wieder locker und entspannt auf deinem Spot. Das Seil hast du einzeln in deiner linken Hand, den Stick entspannt in der rechten. Dein inneres Bild lautet nun beispielsweise: „Kannst du eine Runde im Schritt linksherum auf dem Zirkel laufen?" Kannst du es dir vorstellen? Gut! Dann setzt du es nun in kleinen Teilschritten um:
Schalte dich ein und stelle dir vor, wie die Vorhand deines Pferdes nach links auf die Zirkellinie geht.
Zeige dabei mit deinem „Seilarm" etwa im 45° Winkel nach links vorne.
Sollte dies nicht ausreichen, hebe deinen Stick an und schwinge ihn im nächsten Schritt flüssig kreisend in Richtung Hals oder Schulter deines Pferdes.
Sollte das noch immer nicht genügen, beginne erst leicht, dann deutlicher zu touchieren, bis die Vorhand nach links außen weicht und das Pferd beginnt, im Schritt auf dem Zirkel zu laufen.
Tut es das, wirst du neutral, d.h. du nimmst deine Arme herunter, drehst dich nicht mit und fügst keine weitere Energie zu.
Selbst wenn du dir sicher bist, dass dein Pferd nach ein paar Schritten wieder anhält, bleibst du unbedingt so lange neutral, bis es auch wirklich stehen bleibt. Treibe es nicht vorher schon weiter. Bleibt es dann stehen, fragt es dich damit: „Reicht das schon?"

DAS NEUTRAL

01 Überlege dir die konkrete Aufgabe, bevor dein Körper aktiv wird.

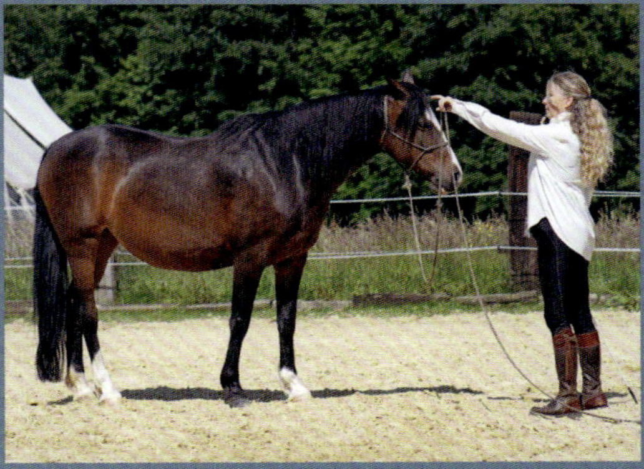

02 Dann erkläre deinem Pferd, was du von ihm möchtest.

03 Wenn die netteste Frage noch nicht ausreicht, steigere mit Gefühl die Energie.

04 Bleibe so lange in deiner Frage, bis die Vorhand wirklich nach außen weicht.

05 Wenn dein Pferd die Lösung gefunden hat, schalte dich deutlich aus, lass es gerne zu dir kommen und wieder Kontakt aufnehmen.

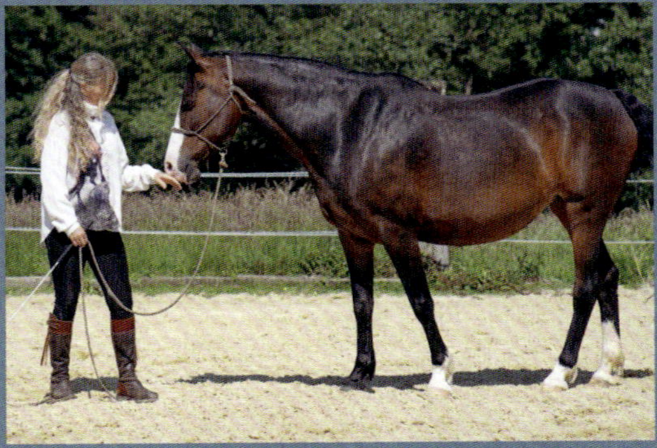

06 Wenn dein Pferd sich am Ende der Übung dir zuwendet und Kontakt aufnimmt, gönne ihm eine Pause.

Wenn dein Pferd sich dir zuwendet, ist es nicht ungehorsam, sondern stellt dir eine Frage. Ärgere dich also nicht darüber, sondern frage einfach nochmal von vorn.

Dann beginnst du die Aufgabe von vorn, also du drehst dich zu ihm und schickst es freundlich, flüssig, aber bestimmt wieder auf den Zirkel. „Danke, dass du mich gefragt hast, aber das war noch nicht die Lösung", gibst du ihm damit zur Antwort. Jedes Mal, wenn es bei den nächsten Versuchen von sich aus wieder durchpariert, startest du genauso wie beim ersten Mal und bleibst auch jedes Mal wieder so lange dran, bis es erneut auf den Zirkel geht und Schritt läuft. Dein gutes Timing beim Neutral und beim erneuten Einschalten sind hier ausschlaggebend. Ärgere dich nicht darüber, dass dein Pferd stehen bleibt und sich dir zuwendet, denn das bedeutet, dass es mit dir sprechen möchte, um zu verstehen, wie die Aufgabe funktioniert, und sich nicht einfach kopflos entzieht, weil ihm die Aufgabe zu viel Druck bereitet. Irgendwann wirst du merken, dass es sich etwas anderes überlegt – jedes Mal stehen zu bleiben, ist ja offensichtlich nicht die Lösung. Vielleicht kann man mit Weiterlaufen verhindern, dass man wieder losgeschickt wird, und hat seine Ruhe? Es stellt also die Frage: „Was ist, wenn ich selbstständig weiterlaufe?" (Ganz hinter deinem Rücken entlang oder gar die komplette Runde). Das ist, du wirst es schon erraten haben, der Moment zum Ausschalten. Atme deutlich aus, wende dich Richtung Hinterhand und stell dir vor, dass du sie wegpustest. „Danke, das war genau die Antwort auf meine Frage. Dafür bekommst du eine Pause." Wendet dein Pferd sich dir jetzt zu und kommt zu dir, verkürze das Seil, entspanne dich und mache gemeinsam mit deinem Pferd eine kleine Pause. Wiederhole die Aufgabe einige Male in die gleiche Richtung, bis sie gut funktioniert. Dann übe es auch auf der anderen Seite.

Mit einiger Übung wirst du den Schwierigkeitsgrad erhöhen können, indem du nach mehr Runden oder einer höheren Gangart fragen kannst.

BEI MIR KLAPPT ES NICHT!

1. Mein Pferd weicht nicht mit der Schulter in Richtung Zirkellinie, sondern läuft in mich hinein

Erinnere dein Pferd vor dem Losschicken an deine Privatzone. Ist das noch nicht wirklich geklärt, wird es schwer sein, die Vorhand zur Seite weichen zu lassen. Denke daran, dass die Checkliste für jede Übung eigentlich auch die Grundlagenübungen mit einschließt. Überprüfe außerdem, ob du wirklich vor dem Pferd stehst oder zu weit nach außen oder sogar hinten zeigst. Das Bedürfnis, am Seil zu ziehen, ist bei diesem Teil der Übung sehr groß, bewirkt aber lediglich, dass du deinen Raum öffnest und das Pferd noch zusätzlich zu dir hinziehst. Auch dein Stick kann falsche Signale setzen. Kommt seine Energie zu weit hinten an, beeinflusst du statt der Vorhand die Hinterhand.

Eine optische Hilfe kann dein inneres Bild unterstützen. Stelle z. B. eine kleine Pylone in ca. 1,5 m Abstand schräg links vor dich hin (etwa auf Höhe der Pferdeschulter). Konzentriere deine Bemühungen darauf, die Vorhand außen an dieser Pylone herumzuschicken. Dafür kannst du auch deinen Spot verlassen, um den Raum zwischen dir und dem Hindernis effektiver zu beanspruchen.

2. Mein Pferd läuft nicht weiter, ohne dass ich es weitertreibe

Versuche beim nächsten Mal, es mit etwas mehr Energie und auf einen größeren Zirkel loszuschicken.

Achte darauf, trotzdem direkt wieder neutral zu werden und nicht weiterzutreiben, sobald dein Pferd die Zirkellinie und die gewünschte Energie erreicht hat. Um kleine Bemühungen deines Pferdes nicht zu verpassen, zähle z. B. die Schritte, die dein Pferd eigenverantwortlich schafft. Sind es zunächst jedes Mal vielleicht nur drei Schritte und auf einmal schafft es fünf oder sogar sechs, ist das schon eine große Pause wert.

Zu guter Letzt noch ein Wort zum inneren Bild: So paradox es klingt, aber wenn du unbedingt willst, dass dein Pferd weiterläuft, wirst du es schwerer haben, als wenn es dir egal ist. Im ersten Fall gibt es kein echtes Neutral, im zweiten Fall schon. Und als Bonus wird dein Timing präziser und deine Energie authentischer sein. Es ist nicht deine Aufgabe, das Pferd zum Weiterlaufen zu bringen, sondern nur, ihm zu zeigen, wie es sich anfühlt, weiterzulaufen, und was passiert, wenn es stehen bleibt. Der Rest kommt von alleine.

Verwende mehr Energie, ...

... werde aber sofort wieder neutral, wenn es läuft!

Wenn dein Pferd hinter deinem Rücken stehen bleibt, frage es einfach erneut los. Nur so kannst du das Prinzip nachhaltig erklären.

3. Mein Pferd schafft es nicht, hinter meinem Rücken weiter entlangzulaufen

Pferde wissen, dass wir hinten keine Augen haben. Dass es hinter deinem Rücken stehen bleibt, spricht für seine Intelligenz. Auch hier hilft ein bisschen mehr Startenergie. Bei manchen Pferden kann man sich selbst ein wenig gegen die Zirkelrichtung drehen, damit sie schneller an der anderen Seite wieder auftauchen, wofür man sie dann direkt belohnen kann.

Das Anhalten und Zu-dir-Hereinholen des Pferdes muss die Botschaft übermitteln: „Danke, dass du dir Mühe gegeben hast." Dafür brauchst du ein gutes Ausschalten und einen klaren, aber freundlichen Fokus auf die Hinterhand.

4. Mein Pferd lässt sich nicht mehr anhalten

Manche Pferde hören nicht richtig zu und nehmen dein Ausschalten nicht wahr. Sie stecken in einem regelrechten Laufmodus fest. Atme deutlich aus, drehe dich mit deinem Pferd mit. Schaue die ganze Zeit Richtung Hinterhand, versuche aber nicht, die Hinterhand durch mehr Druck rauszuschicken. Das macht diese Pferde nur noch schneller. Gib deinem Pferd lieber die Idee, dass es nicht mehr vorwärtsdenken muss. Verkürze dazu langsam das Seil und hebe dabei deine seilführende Hand an, um damit den Vorwärtsdrang etwas zu verlangsamen. Sollte das noch nicht reichen, so bewege deine Hand rhythmisch nach oben und unten. Bei Pferden mit viel „Go" macht es Sinn, das Anhalten separat und gezielt zu üben. Schicke dein Pferd also nur kurz für ein paar Schritte los und halte es dann auf die beschriebene Art wieder an. Dann kannst du die Aufgabe steigern. Alternativ kannst du auch aus dem Zirkeln heraus deinen Spot verlassen und flüssig auf die Hinterhand zugehen. Ähnlich wie bei der Jean-François-Übung ziehst du das Pferd so zu dir, wobei das Herausgehen aus der Übung dein Ausschalten nochmal zusätzlich verdeutlicht.

DIE SPIEGELÜBUNG

Für alle sozialen Lebewesen spielen Harmonie und Gleichklang eine große Rolle. Aus dem Gleichgewicht gerät eine harmonische Gruppendynamik meist durch Interessenkonflikte. Da Menschen oft schwer aus ihrer fordernden Haltung Pferden gegenüber herausfinden, und Pferde ihrerseits ihre eigenen Bedürfnisse durchsetzen möchten, gerät hier das Miteinander häufig aus den Fugen.

Mit der Spiegelübung machen wir den ersten Schritt in die andere Richtung. Wir geben den Pferden eine Art Harmonie-Vorschuss, den sie uns bald aus freien Stücken zurückzahlen. Echte Wahrnehmung und ein Sich-auf-einander-Einlassen sind sowohl die Grundlagen als auch das Ergebnis dieses Spiegelns. Du wirst ganz automatisch eins mit deinem Pferd.

Gemeinsam die Welt und einander kennenlernen geht beim Spiegeln oft besonders gut.

ZIEL

Du bewegst dich sowohl äußerlich als auch innerlich synchron mit deinem Pferd. Du schaust dorthin, wo es hinschaut, du riechst, was es riecht, du fühlst seine Atmung, seine Entspannung und seine Aufregung. Du lässt deine eigenen Wünsche außen vor und lässt dich voll und ganz auf dein Pferd ein.

DURCHFÜHRUNG

Stelle dich auf Höhe der Vorhand neben dein Pferd und positioniere deine Füße parallel zu seinen Hufen. Lege das Seil auf seinen Widerrist und halte es dort mit deiner Hand fest, so bist du automatisch mit deinem Pferd verbunden. Jetzt machst du einfach alles mit, was dein Pferd macht. Nimmt es seinen Kopf hoch, denn hebe ebenfalls deinen Kopf. Senkt es seinen Kopf und riecht am Boden, kannst du das mit deiner freien Hand ebenfalls simulieren. Riecht es an deiner Nase, dann rieche zurück, das ist eine wundervoll tiefe Verbindung, die du mit deinem Pferd finden kannst. Schaut es nach vorne und fixiert etwas, mache mit und versuche herauszufinden, was es sieht oder hört. Läuft es los, dann laufe im Gleichschritt mit. Lasse dich auf sein Tempo ein, soweit dies möglich ist. Hast du das Gefühl, dein Pferd steht nur herum, dann konzentriere dich auf die ganz kleinen Dinge: Zwinkert es? Wie atmet es? Was machen die Ohren? Zuckt das Maul? Bewegt es den Schweif? Etc. Es wird immer irgendetwas machen. Je besser du die ganz kleinen Dinge wahrnehmen kannst, umso mehr wirst du dich mit deinem Pferd synchronisieren können. Wenn dein Pferd zu schnell läuft oder zu aufgeregt ist und zu heftig reagiert, kannst du dich auch von ihm lösen und aus größerer Distanz spiegeln. Du wirst merken, dass du trotzdem ganz andere Dinge an ihm wahrnehmen wirst, weil du dich nicht mehr aufs Wollen konzentrierst, sondern aufs Beobachten und Mitfühlen. Tue das alles jedoch, ohne negative Energie aufzunehmen. Diese solltest du nur wahrnehmen. Wird es also unsicher, kannst du seinen Körper spiegeln, aber solltest nicht selbst unsicher sein.

Die klassische Ausgangsposition beim Spiegeln. Stelle dich auf Höhe der Sattellage mit der Hand auf dem Widerrist.

Jederzeit wahrzunehmen, was dein Pferd wahrnimmt, wird eure Beziehung automatisch stärken.

Bei dieser Übung hältst du Seil und Stick wie beim Zirkeln. Es ist ein Führen aus der „schickenden Position". So hast du jederzeit Einfluss auf Hinterhand, Vorhand, Bremse und Gas.

FÜHREN AUS DER SATTELLAGE

Beim Zirkelspielprinzip hast du das Neutral als einen Zustand kennengelernt, bei dem du locker stehen bleibst. Doch es hat nichts mit Stehen, Gehen oder Drehen zu tun. Es hängt mehr von deiner inneren Einstellung ab als von deinen Bewegungen. Und das wird dir nach der folgenden Übung klar werden, bei der du die Neutralenergie mit in die Bewegung nimmst. Das Führen aus der Sattellage verknüpft darüber hinaus zwei universelle Konzepte, die du beide schon vom Zirkeln und vom Spiegeln kennst, und die erst einmal unvereinbar scheinen: das Wahrnehmen und sich Einlassen auf das Pferd einerseits, und die Übertragung von Verantwortung andererseits. Also sozusagen das Nichts-Wollen und dem Pferd dabei einen Job geben.

ZIEL

Du übergibst die Verantwortung, die Gangart beizubehalten, erneut deinem Pferd, und läufst in neutraler Position mit. Du kannst die Distanz zwischen dir und deinem Pferd bewusst verändern, also es weiter weg schicken oder wieder näher zu dir holen und ihm verschiedene Aufgaben geben.

DURCHFÜHRUNG

Bitte dein Pferd z. B. nach linksherum mit nur wenig Abstand auf den Zirkel, wie du es auch schon beim Zirkeln gelernt hast.
Wenn es an deiner linken Schulter vorbei ist, drehst du dich mit und läufst gemeinsam

FÜHREN AUS DER SATTELLAGE

01 Das Führen aus der Sattellage beginnt wie das Losschicken auf den Zirkel.

02 Du drehst dich jetzt aber mit und gehst parallel zum Pferd wie hier auf einer Geraden oder auch auf einem Zirkel.

03 Wenn du einen größeren Abstand wünschst, drehe in Richtung Pferdeschulter und nimm den gewünschten Raum, ggf. mit Hilfe des Sticks, ein.

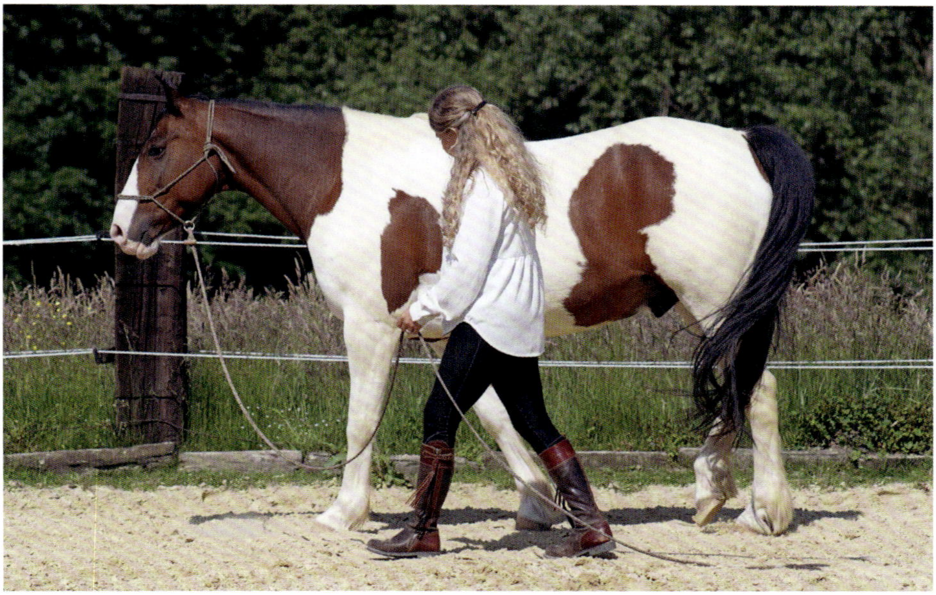

Das ist dabei eine gute Position. Man sieht gut, wie hier Führen, Spiegeln und das Zirkelspielprinzip zusammenkommen.

mit deinem Pferd. Du befindest dich noch hinter seiner Schulter und solltest diese Position auch nicht mehr verlassen. Du läufst dabei parallel zum Pferd mit, d. h. dein Bauchnabel ist nicht zum Pferd hin ausgerichtet, sondern in Bewegungsrichtung. Wenn dein Pferd die Distanz zu dir vergrößern soll, wendest du dich ihm zu und zeigst mit der Seilhand auf seine Nase. Dein Fokus ist, dass du den Raum vor deinem Arm beanspruchen möchtest. Sollte es das nicht verstehen, unterstützt du deinen Körper mit dem Stick. Hebe ihn in Richtung Hals / Schulter an und beginne mit stetig steigender Energie runde, flüssige Bewegungen in eben diese Richtung zu machen. Ggf. nutzt du ihn auch zum Touchieren. Stelle dir genau vor, dass du den Raum zwischen dir und deinem Pferd vergrößern möchtest. Sobald dein Pferd auf dem gewünschten Radius läuft, kehrst du wieder in deine neutrale Position und Energie zurück. Deine Arme hängen beim Laufen locker herunter. Schaue deinem Pferd ruhig auf die Vorderhufe, so hast du eine visuelle Verbindung und verlierst es nicht. Wenn du es schaffst, kannst du versuchen, dich mit deinem Pferd zu synchronisieren, indem du beginnst, im Gleichschritt mit ihm zu laufen. Dies erzeugt nicht nur ein harmonischeres Gefühl, sondern hilft dir auch dabei, deine Position leichter einzuhalten.

Möchtest du, dass dein Pferd ein bisschen näherkommt, so drehe dich leicht in Richtung Hinterhand und schicke diese in der Bewegung ein wenig nach außen. Sobald dein Pferd den Radius etwas verringert, gehst du wieder in die neutrale Position. Wenn du es anhalten möchtest, schalte dich vollkommen aus und frage die Hinterhand etwas weiter heraus – ganz so wie beim Zirkeln. Baue auch nach und nach gerade Strecken mit ein, die ihr zusammen in dieser Position geht. Hierbei wirst du wieder ein bisschen mehr darauf achten müssen, dass dein Pferd den Abstand beibehält. Übe dies auf beiden Seiten.

FÜHREN AUS DER SATTELLAGE – HERAUSFORDERUNGEN

EINBAU VON HINDERNISSEN

Werde kreativ und bestücke die Reitbahn mit allem, was du finden kannst. Stangen, Pylone, Tonnen, etc. Schicke dein Pferd los und laufe auf Höhe der Sattellage mit. Peile nun ein bestimmtes Ziel an und überlege dir die genaue Aufgabe, damit du auch ein klares Bild hast. Schicke es beispielsweise außen um eine Pylone herum, zwischen zwei Stangen hindurch, über eine Plane oder baue sogar Sprünge mit ein. Lass deiner Fantasie freien Lauf. Mit Hilfe dieser Führposition wirst du schnell auch Trail-Aufgaben erarbeiten können.

Das ist eine schöne Herausforderung aus der Führen-aus-der-Sattellage-Position heraus.

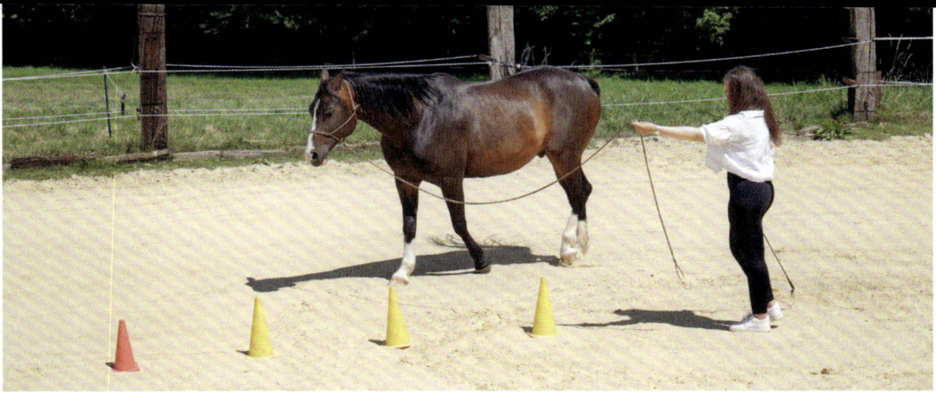

Überlege dir die Aufgabe möglichst frühzeitig.

Die optische Unterstützung hilft dir und deinem Pferd, ein klares Bild für den Weg zu haben.

ZIRKEL PRÄZISE VERGRÖSSERN UND VERKLEINERN

Stelle mehrere Pylonen in einer Reihe mit ca. einem Meter Abstand nebeneinander auf. Du bewegst dich neutral auf einem kleinen Kreis vor der innersten Pylone und lässt dein Pferd um dich herumzirkeln. Die Reihe der aufgestellten Hütchen zeigt also in Richtung der gedachten Kreismitte. Den Freiraum zwischen der 1. und der 2. Pylone nennen wir mal EINS, den Freiraum zwischen der 2. und der 3. ZWEI, usw. Überlege dir nun vorher, durch welchen der Abstände dein Pferd bei der nächsten Runde hindurchlaufen soll. Gib ihm die Aufgabe frühzeitig und stelle dir den Weg, den es laufen soll, bildlich vor. Schicke es auf die gewünschte Distanz und werde wieder neutral. Besonders schön funktioniert diese Aufgabe, wenn du dir eine 2. Person zu Hilfe nimmst, welche euch die Aufgabe vorsagt: „EINS – DREI – EINS – VIER – ZWEI.“ Wenn du merkst, dass dein Pferd gut zuhört und ihr die Aufgabe flüssig bewältigen könnt, gönne ihm eine Pause.

DIE GANGART ERHÖHEN

Um vom Schritt in den Trab zu wechseln, drehe dich wieder zu deinem Pferd, atme ein, stelle dir vor, wie dein Pferd antrabt, gib dein Signal für Trab, mache dich groß und zeige nach vorne (in Bewegungsrichtung des Pferdes).
Falls dies nicht ausreicht, hebe dein Stöckchen an und schwinge es mit flüssigen Bewegungen in Richtung Schulter/ Widerrist. Dies schickt es etwas weiter nach außen und nach vorne. Wenn Energie von hinter der Schulter kommt, versteht es, dass es nach

Auch wenn dein Pferd bei der neuen Herausforderung skeptisch reagiert, beginne mit möglichst wenig Energie, frage deine Aufgabe aber zu Ende, bis dein Pferd diese übernimmt.

vorne ausweichen soll. Versuche nicht, die Energie Richtung Hinterhand zu senden, da diese bei einem feinen Pferd nach außen driften wird, was den gegenteiligen Effekt hat. Außerdem brauchen wir bei der weiteren Ausbildung die Hinterhand für Gymnastizierung. Trabt dein Pferd zu irgendeinem Zeitpunkt an, wirst du wieder neutral. Jetzt geht es nach dem Zirkelspielprinzip weiter: Du bleibst neutral (Arme runter, locker laufen etc.), solange dein Pferd im Trab ist. Pariert es von sich aus durch, schaltest du dich erneut ein und trabst es wie eben beschrieben wieder an. Trabt es ein paar Tritte weiter als zu Beginn, hole es sofort raus aus der Aufgabe und gib ihm eine Pause.

Du wirst merken, wie es sich hierdurch mehr entspannen kann und seine eigene Energie einsetzen wird. Und nicht vergessen: Immer schön neutral bleiben!

EINFACHE RICHTUNGSWECHSEL EINBAUEN

Beginne mit dem Führen aus der Sattellage linke Hand. Nach einigen Metern wendest du dich in einem 90° Winkel von deinem Pferd ab, sodass dein Pferd dir nun folgt, und wechselst hierbei vor deinem Bauch Seil und Stick in die jeweils andere Hand. Du bist also automatisch in der Führposition vor deinem Pferd. Nach einigen Metern drehst du dich um 180° und läufst einige Meter rückwärts. Da du bei der ersten Drehung Seil und Stick schon gewechselt hast, musst du dein Pferd jetzt nur auf die Hand schicken, wo du dein Seil hältst. So ergibt sich der Richtungswechsel automatisch. Bleibe dann kurz stehen und schicke dein Pferd nach rechts auf den Zirkel. Jetzt begibst du dich wieder in deine Position auf Höhe der Sattellage und ihr lauft gemeinsam ein paar Meter. Diesen Wechsel kannst du ein paar Mal wiederholen, bis er flüssiger klappt.

EINFACHE RICHTUNGSWECHSEL EINBAUEN

01 Das Führen aus der Sattellage kennst du ja schon.

02 Wende dich nun im 90° Winkel von deinem Pferd ab und führe dein Pferd von vorne.

03 Drehe dich nun um 180° und laufe rückwärts.

04 Der Richtungswechsel funktioniert in der Regel fast automatisch.

05 Nun bist du wieder im Führen aus der Sattellage, nur auf der anderen Hand.

VORBEREITUNG
— *aufs freie Spielen*

GEMEINSAM FREI SEIN

Hast du auch schon lange davon geträumt, frei mit deinem Pferd zu interagieren? Hast du es sogar schon geschafft, den ein oder anderen Weg durch die Reitbahn gemeinsam mit ihm zu gehen – ohne Seil und ohne Halfter? Eine Verbindung zu spüren, die ohne Hilfsmittel, scheinbar durch Zauberhand wirkt, ist wohl eines der lohnenswertesten Ziele, die man mit Pferden haben kann. Wir möchten dir gerne zeigen, wie du das „freie Spielen" ganz bewusst erarbeiten kannst, um die perfekte Basis für alles weitere zu schaffen. Wir nutzen hierfür zwei Grundübungen, die du leicht umsetzen kannst, wenn du die Tipps aus unserem Buch bis hierhin gut verstanden und geübt hast. Auch wenn die Übungen sehr konkret sind, schaffen sie doch den Grundstein für gemeinsamen Fluss, Harmonie, Fühlen, Wahrnehmen und zusammen kreativ zu werden.

Gemeinsam Freiheit erleben kann kinderleicht sein, oder?

1. BLEIB BEI MIR

Mit der Jean-François-Übung hast du schon die Grundvoraussetzung für eine echte und freiwillige Verbindung zu Pferden in der Tasche. In der folgenden Übung wirst du sie wiedererkennen, wobei der Anfang und das Ende ein bisschen davon abweichen.

ZIEL

Du erarbeitest dir eine Möglichkeit, wie du jederzeit eine Verbindung mit deinem Pferd aufbauen kannst, indem du es dazu bringst, eigenständig auf deine andere Seite zu kommen.

DURCHFÜHRUNG

Stelle dich auf die rechte Seite deines Pferdes. Das Seil trägst du in der inneren Hand, den Stick in der äußeren. Mache einen kleinen Schritt nach vorne, wobei du dich ein bisschen um die eigene Achse vom Pferd wegdrehst. Dabei gibst du hinter deinem Rücken das Seil in die äußere Hand und vor deinem Bauch den Stick in die innere, oder umgekehrt. Wichtig ist, dass du beides wechselst, ohne dich einzuwickeln.
Von da aus läufst du nun auf einem Kreis von deinem Pferd weg auf dessen Hinterhand zu. Das kennst du schon von der Jean-

Bevor die Übung richtig losgeht, muss der Stick vor dir und …

… das Seil hinter dir in die jeweils andere Hand gewechselt werden.

Erinnere dich ruhig an die Jean-François-Übung!

François-Übung. Die Hinterhand ist wieder nur Mittel zum Zweck, um dein Pferd nicht aus den Augen zu verlieren. Dein eigentliches Ziel ist auch immer noch das Gleiche: Du möchtest die Vorhand mit dir mitziehen. Doch diesmal reicht dir das nicht so ganz, denn das Pferd soll sogar mit seinem Kopf auf deine andere Seite wechseln. War dieser zu Beginn der Übung noch auf deiner rechten Seite, so sollte er am Ende der Übung links von dir sein.

Die Spielregeln sind im Großen und Ganzen die gleichen wie bei der Ursprungsübung. Falls auf dem Kreis laufen alleine nicht genügt, frage die Hinterhand danach zu weichen, denke mehr an ziehen als an schicken, und bremse das Vorwärts, falls nötig, mit dem Seil oder auch dem Stick vor der Brust ab.

Versuche, auf jeden Fall auf der Kreislinie zu bleiben, und finde einen geeigneten Radius heraus. Wenn dein Kreis zu klein ist, kann dein Pferd nicht auf die andere Seite wechseln. Machst du ihn zu groß, kann es passieren, dass ihr euch gegenseitig longiert und das Pferd auch nicht wechselt. Finde das passende Tempo. Behalte immer im Hinterkopf, dass auch hier die flüssige Bewegung ohne Stocken und ohne Rennen das Ziel ist. Aber laufe deinem Pferd vorne auch nicht davon, wie soll es sich sonst bemühen, die Seite zu wechseln? Wenn du langsam und flüssig laufen kannst, strahlst du genau die anziehende Energie aus, die dein Pferd sich wünscht, und es wird gerne mit dir kommen. Sobald dein Pferd auf deiner anderen Seite angekommen ist, mache Pause auf Schulterhöhe.

Du läufst so lange auf einem Kreis …

… auf die Hinterhand deines Pferdes zu, bis sein Kopf auf deiner anderen Seite auftaucht.

Wie du an der Seil- und Stickhaltung sehen kannst, sollte Lex Kopf eigentlich auf der anderen Seite sein, aber Laura nimmt es mit Humor.

BEI MIR KLAPPT ES NICHT!

1. Ich laufe in die Hinterhand meines Pferdes hinein, ohne dass es weicht

Um in Bewegung zu bleiben, musst du die Hinterhand rechtzeitig und mit angemessener Effektivität auffordern, zu weichen, damit sie dir wirklich Platz zum Weiterlaufen macht. Es ist sehr wichtig, dass dein Pferd sich bewegt, weil du es sonst nicht mit dir mitziehen kannst.

2. Mein Pferd weicht die ganze Zeit mit der Hinterhand und kommt nicht mit der Vorhand neben mich

Denke daran, dein Stöckchen nicht mehr zu benutzen, wenn sich dein Pferd bewegt. Du treibst es sonst von dir weg. Dieses Problem geht oft auch mit einem gewissen Vorwärtsdrang einher. Verkürze das Seil etwas und nimm die seilführende Hand in Richtung des Pferdes hoch mit dem Gedanken: „Bitte nicht vorwärtslaufen." Unter Umständen musst du diese Entschleunigung noch mit

Rhythmus am Seil unterstützen. In der Regel kommt das Pferd mit der Vorhand und wechselt die Seite, wenn du die Vorwärtstendenz im Griff hast.

3. Mein Pferd läuft hinter mir her und wechselt nicht die Seite

Wenn der vorherige Tipp nicht fruchtet und dein Pferd überhaupt keine Idee hat, so kannst du es mit dem Stöckchen etwas „rüberschubsen", indem du mit ihm hinter deinem Rücken seine Schulter auf die gewünschte Seite bewegst.

4. Wenn wir stehen, nimmt mein Pferd einfach den Kopf auf meine andere Seite.

Ähnlich wie bei anderen Übungen auch, ist es enorm wichtig, dass du deinem Pferd erklärst, dass du gut genug bist, dich nicht aus deiner Position neben ihm bringen zu lassen.
Wahrscheinlich stehst du zu weit vorne, sodass es ein Leichtes für dein Pferd ist, seinen Kopf einfach wieder auf seine Wunschseite zu nehmen. Vergiss aber nicht das Prinzip von „Wer bewegt wen!". Gehe nach dem Seitenwechsel unbedingt wieder zurück neben die Schulter deines Pferdes.

5. Ich habe das Gefühl mein Pferd zu verlieren, wenn ich laufe

Läufst du auch wirklich die ganze Zeit auf einem Kreis oder verlässt du diesen irgendwann und läufst irgendwo anders hin? Du kannst deinen Blick auf die Hinterhand nutzen, um dein Pferd nicht aus den Augen zu verlieren und wirklich die ganze Zeit auf dem Kreis zu bleiben. Dies ist wichtig, um die Übung auch korrekt zu Ende bringen zu können.

6. Ich wickle mich in mein Seil ein

Dies kann nur passieren, wenn du Seil und Stick nicht oder falsch gewechselt hast, oder wenn du sie zweimal tauschst, also hin und zurück. Übe das zunächst auch ohne Pferd, damit du gut vorbereitet bist.

7. Mein Pferd kommt zwar auf meine andere Seite, wechselt aber sofort wieder zurück

Wahrscheinlich hast du vergessen, dich nach dem Seitenwechsel wieder zurück auf Schulterhöhe zu begeben. Dein Pferd hätte dich am liebsten immer auf seiner Lieblingsseite. Wenn du zu weit vorne stehst, reicht eine einfach Kopfbewegung hinter deinem Rücken und es hat dich wieder in seiner favorisierten Position. Vergiss nicht, Pferde sind Meister im Prinzip: „Wer bewegt wen?"

Wenn dein Pferd bereits mit der Hinterhand weicht, solltest du keinen Druck mehr mit dem Strick machen.

2. „KOMM MIT"

ZIEL

Du kannst gemeinsam mit deinem Pferd laufen und ihm beibringen, wie sehr es sich lohnt, an deiner Seite zu bleiben. Ihr geht gemeinsam, und du achtest sehr genau darauf, in deiner Position zu bleiben. Es ist deine Verantwortung, die Verbindung zu halten.

DURCHFÜHRUNG

Begib dich wieder in deine Startposition neben der rechten Schulter deines Pferdes. Atme ein und stelle dir vor, wie dein Pferd losläuft. Zeige dann mit deinem linken Arm nach vorne, wobei deine Schulter sich leicht vom Pferd wegdreht. Das gibt deinem Pferd

»Sobald ihr etwas mehr Routine in die Übung gebracht habt, kommt Bewegung ins Spiel!«

So ein harmonisches, gemeinsames Miteinander muss kein Kindheitstraum bleiben!

das Gefühl, dass du es mitnehmen möchtest, anstatt es wegzuschicken (manchmal tut der ausgestreckte Arm das bei dieser Übung).
An dieser Stelle kannst du, wenn du möchtest, ein Signal fürs Loslaufen, z. B. ein „Küsschen", mit einbauen. Aber bitte nur einmal benutzen und falls das Signal nicht reicht, den Stick einsetzen. Diesen hebst du nach hinten an, schwingst ihn Richtung Pferd und touchierst gegebenenfalls an der Seite.
Sobald dein Pferd den ersten Schritt macht, gehst du neutral mit. Eine geeignete Position für dich befindet sich zwischen Nase und Schulter des Pferdes. Und damit sind wir bei unserem mittlerweile alten Bekannten, dem Zirkelspielprinzip, angekommen.
Denn hält es nach ein paar Schritten wieder an, so frage es wieder los, bis du merkst, dass es flüssiger und länger läuft. Zum Anhalten kannst du dich wie gehabt ausschalten, oder du gehst ins „Bleib bei mir" über, indem du aus der Bewegung heraus auf den Kreis und auf die Hinterhand des Pferdes zugehst. Das festigt am Ende immer noch einmal eure Bindung. Danach machst du alles wieder wie zuvor beschrieben. Sobald dein Pferd auf der anderen Seite ankommt, macht ihr wieder gemeinsam Pause.

Zeigen, heben, schwingen, tapsen. Ein guter Merkspruch für das langsame Ansteigen der Hilfen

Hier erkennt man auch gut, dass Jenny nicht zuerst losgeht, sondern wartet, bis Amy den ersten Schritt macht.

DIE NÄCHSTEN SCHRITTE

Als Nächstes machst du nicht nach jedem Seitenwechsel eine Pause, sondern versuchst, aus dem Wechsel heraus weiterzulaufen. Sollte dein Pferd kurz stocken, ist das nicht schlimm. Bleibe einfach mit ihm stehen und frage nahtlos (aber freundlich), ob es wieder loslaufen kann. Wie so oft ist auch diesmal Achtsamkeit für deine Position ein unverzichtbarer Baustein für den Erfolg. Also bleib neben deinem Pferd, egal wohin es geht oder wo es steht.

Vergiss nicht, direkt wieder neutral zu werden, wenn dein Pferd losgeht.

So ein Traum kann Wirklichkeit werden!

VERBINDUNG UND VERANTWORTUNG STÄRKEN

Klappt das alles schon ganz gut? Dann ist jetzt der richtige Zeitpunkt, dem Pferd nach und nach Verantwortung für die Verbindung zu übertragen. Bisher bist du ihm nur gefolgt, solange es in Bewegung blieb. Jetzt soll es lernen, auch auf dich zu achten und bei dir zu bleiben. Prinzipiell hältst du dich dafür wie immer an den Grundsatz des Neutrals. In diesem Fall lautet die Variante: „Solange du neben mir bleibst, bin ich neutral. Doch jedes Mal, wenn du dich wegorientierst, gehe ich meinen Bogen auf deine Hinterhand zu, bis du auf meiner anderen Seite bist.“ Es wird nicht lange dauern und dein Pferd kommt lieber noch ein paar Meter mit dir, als sich wieder ein paar Runden mit dir im Kreis zu drehen und am Ende ohnehin wieder bei dir zu landen.

VOM SEIL LOSKOMMEN

Stellst du bei euch beiden einen deutlichen Fortschritt fest (du musst nicht mehr lange im Kreis laufen, und dein Pferd wechselt immer flüssiger und früher die Seite), ist es Zeit, die Stützräder abzubauen: Wir nehmen dir jetzt das Seil aus der Hand. Dafür empfiehlt es sich, einen Gürtel zu tragen, denn dort wird das Seil jetzt durchgefädelt. Nimm hierfür das Seil doppelt und ziehe es einmal durch deinen Gürtel in der Mitte deines Rückens. Lass das einzelne Ende länger als die Schlaufe. So kann sich das Seil ganz einfach und sicher lösen, wenn dein Pferd doch mal gehen möchte. Übe jetzt genau wie zuvor. Vielleicht merkst du schon einen Unterschied, weil du nicht mehr „heimlich“ das Seil benutzen kannst! Im nächsten Schritt geht es noch mehr Richtung Freiheit. Befestige das Seil jetzt um den Hals deines Pferdes, zum Beispiel

indem du das Halfter dort befestigst (mit unserer Halsringlonge geht es übrigens besonders leicht). Jetzt hast du kein Seil mehr in der Hand und dein Pferd keines mehr am Kopf. Du wirst feststellen, dass dies mental auf beiden Seiten schon einen großen Unterschied ausmacht. Als nächsten möglichen Schritt (wenn alles glatt gelaufen ist und die Rahmenbedingungen das zulassen!) nimmst du das Seil aus deinem Gürtel und legst es über den Rücken deines Pferdes. So kannst du es zur Not noch schnell greifen, hast aber grundsätzlich schon mal ein freies Pferd neben dir. In gewohnter Umgebung wirst du sehr bald komplett frei mit deinem Pferd laufen können.

Sollte die Verbindung schlechter oder dein Pferd unsicherer werden, gehe lieber wieder einige Schritte zurück und übe erneut mit Seil. Dies ist kein Rückschritt, sondern nur eine Festigung der Basis.

DIE RICHTUNG VORGEBEN

01 Beim „Bleib bei mir" ging der Blickfokus in Richtung Hinterhand, ...

02 ... bis das Pferd auf der anderen Seite ankommt.

03 Wenn dein Pferd an deiner Seite bleiben soll, richte deinen Fokus auf seine Vorderhufe.

04 Hieraus einen freien Zirkel zu entwickeln, ist ziemlich einfach.

DIE RICHTUNG VORGEBEN

Bis jetzt bist du eigentlich meistens wie ein Passagier mit deinem Pferd mitgelaufen. Die Richtung konnte dein Pferd bestimmen. Nun möchtest du aber auch in verschiedenen Situationen den Weg bestimmen, also brauchen wir eine Methode, wie du deinem Pferd sagen kannst, dass es an deiner Seite bleiben soll, auch wenn du dich von ihm weg bewegst. (Sprich: Ihr könnt einen Zirkel gehen, bei dem das Pferd außen ist, aber es driftet weder von dir weg, noch wechselt es die Seite.) Ausschlaggebend ist in diesem Moment dein Blickfokus. Wir haben ja beim „Bleib bei mir" gesagt, dass du dich vom Pferd wegdrehen und dich dann auf seine Hinterhand konzentrieren sollst, um dein Pferd auf deine andere Seite zu bringen.
Bei dieser Übung drehst du dich nicht weg, sondern gehst nur ein bisschen von ihm weg und solltest vor allem seine Vorderhufe im Auge behalten.
Du wirst erstaunt sein, wie leicht es ist, jetzt auch auf einem größeren Kreis (scheinbar) von deinem Pferd wegzugehen und es trotzdem an deiner Seite zu halten. Hieraus kannst du ein freies Zirkeln entwickeln: Bleibt dein Pferd auf dem großen Kreisbogen bei dir, verkleinere den Radius immer weiter, bis du dich nur noch auf der Stelle drehst (und bald ganz stehst) und dein Pferd um dich herumläuft.
Übe dies zunächst ruhig wieder mit einem Menschen und erkläre diesem nicht, was du vorhast. Wenn du diese Übung mit deinem Pferd angehst, denke wieder an deine Position. Für den Seitenwechsel braucht das Pferd ein bisschen Raum, um auf deine andere Seite zu kommen. Soll es in der Kurve neben dir bleiben, macht ein bisschen mehr Nähe Sinn.

GEMEINSAM FREI SEIN

Jetzt besitzt du alle Grundvokabeln, um mit deinem Pferd jede Menge Aufgaben und Herausforderungen zu meistern. Werde kreativ und benutze die erarbeitete Kommunikation zwischen dir und deinem Pferd, um gemeinsam zu wachsen und Hürden zu überwinden.
Lass dein Pferd mitreden und seine eigenen Ideen mit einbringen. Dann macht es beiden Seiten nicht nur viel mehr Spaß, sondern es erweitert eure Möglichkeiten auch ungemein. Die meisten tollen Dinge, die unsere Pferde können, waren ihre eigenen Ideen.

Wir wünschen euch ganz viel Freude auf eurer besonderen Reise!

Peer & Jenny

Gemeinsam solche Herausforderungen zu meistern, ist ein wundervolles Ergebnis eures bisherigen Weges.

SERVICE

ZUM WEITERLESEN

Hackl, Bernd / Rester, Kerstin: **Extreme Trail Parcours,** Von der Bodenarbeit zum Reiten; KOSMOS 2022
Im Extreme Trail Parcours mit seinen ungewöhnlichen Hindernissen beweisen sich Pferd und Mensch als perfektes Team. Welche Übungen sind der richtige Einstieg und wie kann ich auch zu Hause üben? Und wie kann ich den Parcours auch im Sattel überwinden? Auch als E-Book erhältlich.

Jones, Janet: **Horse Brain, Human Brain,** Erkenntnisse aus der Neurowissenschaft – Wie Pferd und Mensch denken, fühlen, handeln; KOSMOS 2022
Das Gehirn steuert das Verhalten – beim Pferd ebenso wie beim Menschen. Die Neurowissenschaftlerin und erfolgreiche Trainerin Janet Jones erklärt leicht verständlich die Gemeinsamkeiten und Unterschiede zwischen den Gehirnen von Mensch und Pferd und zeigt, wie man dieses Wissen anwendet, um Ausbildung, Training und Umgang effizient und lösungsorientiert zu gestalten.

Seib, Catherin: **Wahre Freundschaft mit Pferden,** Erlebnisse einer Tierkommunikatorin; KOSMOS 2022
Tierkommunikatorin Catherin Seib kommuniziert auf telepathischem Weg mit Pferden und gibt diese Fähigkeit in ihren Kursen weiter. In ihrem Buch erzählt sie berührende, verblüffende und aufklärende Erlebnisse und Fallbeispiele aus ihrer täglichen Praxis. Ihre Erfahrungen machen Mut, auch unkonventionelle Wege zu gehen, die eigene Empathie und Intuition zu stärken und auf sein Pferd zu hören. Auch als E-Book erhältlich.

Wild, Jenny: **Von Pferden lernen, sich selbst zu verstehen;** KOSMOS 2014
Pferde geben uns in allen Situationen ein direktes, unmittelbares und unverfälschtes Feedback. Das gibt uns die Möglichkeit, sehr viel über uns zu lernen. Dieses Buch erklärt die Prinzipien des Natural Horsemanship und ist angereichert mit praktischen Beispielen aus dem Alltag mit Pferden. Auch als E-Book erhältlich.

Wild, Jenny / Claßen, Peer: **Übungsbuch Natural Horsemanship;** KOSMOS 2020
Pferde sind von Natur aus nicht für die moderne Welt der Menschen geschaffen: Lärm und Hektik, wenig Platz – all das verängstigt sie. Es liegt in der Verantwortung des Menschen, dem Pferd Sicherheit und Vertrauen zu geben, so dass die gemeinsamen Unternehmungen harmonisch ablaufen können. Das Rüstzeug hierfür bietet dieses Buch: Es enthält alle grundlegenden Übungen der Kommunikation mit Seil und Halfter. Ebenso das Anhalten, Richtung ändern und Hindernisse überwinden mit und ohne Seil. So lernen Mensch und Pferd, wie Klarheit beim gemeinsamen Tun zu einer tiefen Verbindung führt. Auch als E-Book erhältlich.

Wild, Jenny / Claßen, Peer: **Sicher & frei reiten mit Natural Horsemanship;** KOSMOS 2017
Entspannt die Freizeit im Sattel genießen, das wünschen sich die meisten Reiter. Die Methode Natural Horsemanship bietet noch mehr, nämlich freies Reiten in der Natur bei maximaler Sicherheit. Dieses praktische Trainingsbuch zeigt, wie es funktioniert. Die Autoren übertragen alle wichtigen Übungen des Natural Horsemanship vom Boden in den Sattel. Vertrauensaufbau und Scheutraining lassen Pferd und Reiter zu Gelassenheit und Harmonie finden. Auch als E-Book erhältlich.

Wild, Jenny / Claßen, Peer: **Die Persönlichkeit meines Pferdes,** Mit Typbestimmung und passenden Übungen; KOSMOS 2019
Jedes Pferd ist eine einzigartige Persönlichkeit. Wenn wir den Persönlichkeitstyp unseres Pferdes kennen, fällt es uns leichter, es zu verstehen und richtig zu handeln. Dieses Buch beschreibt vier Grundpferdetypen, erklärt, wie man das Verhalten seines Pferdes richtig deutet und zeigt Übungen, die es typgerecht fördern. Auch als E-Book erhältlich.

REGISTER

BILDNACHWEIS

Mit 160 Farbfotos von Peer Claßen (120): S. 4, 5, 6, 11, 13, 16, 17 o.re. & mi.re., 20, 22, 23 u.li. & u.re., 27, 28 ganz o.li., ganz o.re., o.li., o.re., u.li., u.re., ganz u.li., ganz u.re., 29, 31, 32, 33 o.li., o.re., mi.li., mi.re., u.li., u.re., 34 u.li., u.re., 36 o.li., o.re., mi.li., mi.re., u.li., u.re., 41 o., u.re., 42 o., 43 ganz o.re., o.re., u.re., ganz u.re., 44 ganz o.li., o.li., u.li., ganz u.li., 45 u.re., 46, 47, 48, 49, 50 o.li., o.re., mi.li., mi.re., u.li., u.re., 52 o.li., o.re., 53 o.li., u., 54, 55, 61 o.li., o.re., mi.li., mi.re., u.li., u.re., 62, 63, 64 mi.li., u.li., 65 o.li., o.re., mi.li., mi.re., u.li., u.re., 66, 67 mi.re., u.re., 68 o., u.li., 70 u.li., u.re., 71, 72 o., u.li., u.re., 73, 75 o. & u., 76 o. & u.li., 77 o., mi.li., mi.re., u.li., u.re., 80 u.li. & u.re., 81 mi.re. & u.re., 82, 84, 85 o.re, mi.re., u.re., 86/87, 88 o.li., mi.li., o.re., u., 89; Gabi Metz / Kosmos (10): S. 7 u.li., u.re., 8 o., u.li., 14, 18, 25 o., u.re., 58, 59; Susanne Otlinghaus (1): 78; Horst Streitferdt / Kosmos (10): S. 9, 12 u.re., 15, 21, 30, 35, 37, 56, 69, 74; Petra Tinedo Moreno (1): S. 12 o.; Unbekannt (3): S. 42 u.li. & u.re., 45 o.; Justin Wiedemann (2): S. 26, 57; Henry Wild (6): S. 10 o. & mi., 19 u.li. & u.re., 27 o., 39, 90.

IMPRESSUM

Umschlaggestaltung von GRAMISCI Editorial Design, Isabelle Fischer, unter Verwendung von einem Farbfoto von Henry Wild (Umschlagvorderseite) und einem Farbfoto von Gabi Metz / Kosmos (Umschlagrückseite)

Mit 160 Farbfotos.

Gedruckt auf chlorfrei gebleichtem Papier

ISBN 978-3-440-17307-7
Redaktion: Alexandra Haungs
Gestaltungskonzept: Peter Schmidt Group GmbH, Hamburg
Gestaltung und Satz: Atelier Krohmer, Dettingen/Erms
Produktion: Claudia Frank
Druck und Bindung: Westermann Druck Zwickau GmbH, Zwickau
Printed in Germany / Imprimé en Allmagne

FSC
www.fsc.org
MIX
Papier | Fördert gute Waldnutzung
FSC® C110508

Harmonie zwischen Mensch und Pferd

200 Seiten

Pferde sind von Natur aus nicht für die moderne Welt der Menschen geschaffen: Lärm und Hektik, wenig Platz – all das verängstigt sie. Es liegt in der Verantwortung des Menschen, dem Pferd Sicherheit und Vertrauen zu geben, so dass die gemeinsamen Unternehmungen harmonisch ablaufen können. Dieses Buch zeigt, wie hierfür die Grundlagenübungen am Boden gelingen.

208 Seiten

Jedes Pferd ist eine einzigartige Persönlichkeit. Wenn wir den Persönlichkeitstyp unseres Pferdes kennen, fällt es uns leichter, es zu verstehen und richtig zu handeln. Dieses Buch beschreibt vier Grundpferdetypen, erklärt, wie man das Verhalten seines Pferdes richtig deutet und zeigt Übungen, die es typgerecht fördern.

kosmos.de